クイックアクセスツールバー

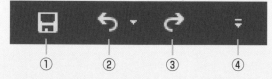

① **上書き保存** 変更や修正を行った状態の文書を，そのままのファイル名で保存します。以前のデータは削除されます。
② **元に戻す** 行った操作を取り消して，元の状態に戻します。
③ **繰り返し（やり直し）** ボタンの表示が以前の操作によって変わり，のときには最後に行った操作を繰り返し，のときには「元に戻す」で取り消した操作をもう一度やり直します。
④ **カスタマイズ** クイックアクセスツールバーにコマンドを追加したり，削除したりします。

⑤ **操作アシスト** 利用したい機能の一部の語を入力すると関連する項目が表示されます。
⑥ **リボンオプション** リボンを自動的に非表示にしたり，リボンタブのみを表示するようにします。

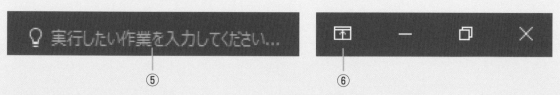

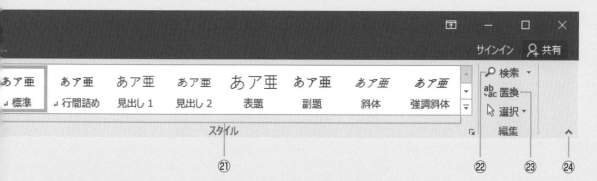

⑬ **囲い文字** 選択した文字を丸や四角で囲みます。
⑭ **文字揃え** 文字列を範囲内に揃えます。- 左揃え，- 中央揃え，- 右揃え，- 両端揃え，- 均等割り付けです。
⑮ **インデントの増減** 段落のインデントレベルを上げたり下げたりします。
⑯ **行と段落の間隔** 行間や段落の前後の間隔を変更します。
⑰ **塗りつぶし** 選択した文字列や段落の背景に色をつけます。
⑱ **拡張書式** 縦中横，組文字，割注など，日本語のレイアウトを設定します。
⑲ **罫線** 指定したテキストやセルに罫線を引きます。をクリックすると形式を選択できます。
⑳ **編集記号の表示／非表示** 段落記号などの書式設定記号の表示／非表示を設定します。
㉑ **スタイル** 選択した文字や段落に適用するスタイルを一覧から選びます。
㉒ **検索** 文書内の文字列などを検索します。
㉓ **置換** 文書内の文字列を置き換えます。
㉔ **リボンの最小化** リボンの名前だけを表示し，クリックすると内容を表示します。

リボンの主なコマンド

〔ファイル〕タブ

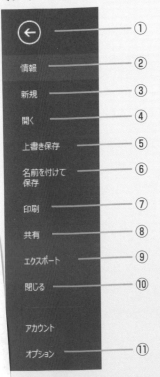

① **戻る** 元の文書作成画面に戻ります。
② **情報** 開いている文書の情報を見たり，アクセス許可や共有についての設定を行います。
③ **新規** 新しい文書を開きます。
④ **開く** 保存されているファイルを呼び出します。
⑤ **上書き保存** 変更や修正を行った状態の文書を，そのままのファイル名で保存します。以前のデータは削除されます。
⑥ **名前を付けて保存** 開いている文書を新しいファイル名で保存します。
⑦ **印刷** 開いている文書を印刷します。
⑧ **共有** ほかの人とファイルを共有したり，メールで送信したりします。
⑨ **エクスポート** 保存形式の変更や，メールでの送信，PDFファイルの作成などを行います。
⑩ **閉じる** 開いている文書を閉じます。
⑪ **オプション** さまざまな設定を行います。

〔ホーム〕タブ

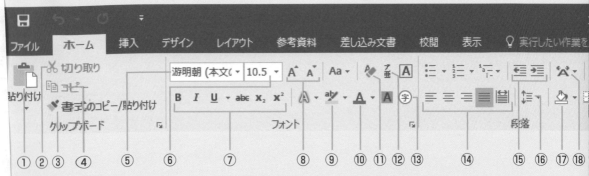

貼り付け クリップボードに保存されている内容を貼り付けます。▼をクリックすると形式を選択できます。
切り取り 選択した文字列や書式を切り取って，一時的にクリップボードに保存します。
書式のコピー／貼り付け ある位置の書式を別の位置に適用します。文字はコピーされません。
コピー 選択した範囲を複写して，一時的にクリップボードに保存します。
フォント 文字列の字体を変更します。「明朝体」や「ゴシック体」などがあります。
フォントサイズ 文字列や数値のサイズを変更します。
文字スタイル 文字列の表示スタイルを変えます。 **B** - 太字，*I* - 斜体，U - 下線，abc - 取り消し線，x_2 - 下付き，x^2 - 上付きです。
フォントサイズの拡大／縮小 クリックするごとにフォントサイズを拡大・縮小します。
蛍光ペン 蛍光ペンでマークをつけたように表示します。▼をクリックすると色を選択できます。
文字色 選択した文字に色をつけます。▼をクリックすると色を選択できます。
書式のクリア 選択範囲の書式をクリアして，書式なしのテキストにします。
ルビ 文字にふりがなをつけます。

例題 30 + 演習問題 70 で **しっかり学ぶ**

Word 標準テキスト

[Windows 10 対応版]
[Office 2016 対応版]

齊藤正生 著

技術評論社

ご注意
ご購入・ご利用の前に必ずお読みください

■**本書の内容について**

　本書に記載された内容は，情報の提供のみを目的としています。したがって，本書を用いた運用は，必ずお客様自身の責任と判断によって行ってください。これらの情報の運用の結果について，技術評論社および著者はいかなる責任も負いません。

　本書記載の情報は，2015年11月30日現在のものを掲載しておりますので，ご利用時には変更されている場合もあります。

　本書は，Microsoft Word 2016, Office 2016に対応しています。また，本書の説明画面は，Microsoft Windows 10とWord 2016で作成しています。

■**ソフトウェアのバージョン番号をご確認ください**

　ソフトウェアはバージョンアップされる場合があり，本書での説明とは機能内容や画面，図などが異なってしまうこともあり得ます。本書ご購入の前に，必ずご使用になっているソフトウェアのバージョン番号をご確認ください。

　以上の注意事項をご承諾いただいた上で，本書をご利用願います。これらの注意事項をお読みいただかずにお問い合わせいただいても，技術評論社および著者は対処しかねますので，あらかじめご承知おきください。

サンプルファイルについて

　本書の学習（「例題」や「やってみよう！」）で必要だと思われるサンプルファイルなどは，下記よりダウンロードしてお使いいただけます。

　　　　　http://gihyo.jp/book/2016/978-4-7741-8145-5

　本書で提供するサンプルファイルは本書の購入者に限り，個人，法人を問わず無料で使用できますが，再転載や二次使用は禁止いたします。

　サンプルファイルのご使用は，必ずお客様自身の責任と判断によって行ってください。サンプルファイルを使用した結果生じたいかなる直接的・間接的損害も，技術評論社，著者，プログラムの開発者およびサンプルファイルの製作に関わったすべての個人と企業は，いっさいその責任を負いかねます。

●Microsoft Windows, Wordおよびその他本文中に記載されているソフトウェア製品の名称は，すべて関係各社の各国における商標または登録商標です。

はじめに

　現在，パソコンやソフトの操作について，さまざまな解説書が出版されています。その多くは「特定の機能についてやり方を説明する」という方式で書かれていて，これらを読むと，確かに操作を理解できたような気がします。ところが，実際にキーボードの前に座ると作業がスムーズに進まない場合が多いのではないでしょうか。また，とりあえず使ってはいるが，さまざまな機能を本当に使いこなしているのか，いまひとつつかめずにいるケースもあると思います。

　やはり，パソコンの操作をおぼえるためには読むだけでなく，さまざまなケースに合わせて実際に操作を行うことが必要です。

　本書は，実践形式で「Microsoft Word 2016」の基本的な操作方法を，初心者の方に向けて段階的に解説するために企画されました。

　文字の入力方法から文書作成に使うさまざまな機能について，それぞれのLessonで「例題」の文書がまず示され，その文書の作り方を順に解説しています。また，各Lessonの最後には，演習問題として「練習問題」「やってみよう！」が用意されています。

　実際に文書を作成しながら読み進むので時間はかかりますが，読んで理解するのとは違って，確実に使い方を身に付けることができます。

　PART 1，2では基礎的な知識として，WindowsとWordの基本的な操作と文字の入力について解説し，PART 3ではじめて実際に例題の文書を作成します。PART 4以降は，文書に表や図形などを挿入したり，はがきの宛名を印刷するなど，応用的な操作について順番に学んでいきます。また，最後には「総合チェック問題」として，本書で学んだ内容のまとめができるようになっています。

　文字を入力することはパソコン操作の基本的なスキルとなります。そのためにもワープロソフトの操作方法を習得することがパソコンスキルを上げる大きなポイントとなります。実践的に操作方法を習得し，日常生活ならびにビジネスシーンでWordを十分に活用してください。

2016年3月　　　　　　　　　　　　　　　　　　　　　　　　　　　　　　　　著　者

本書の使い方

本書は9つのPARTから構成されており，さらに各PARTは，いくつかのLessonで構成されています。

Lessonのページ内容は以下のようになっています。

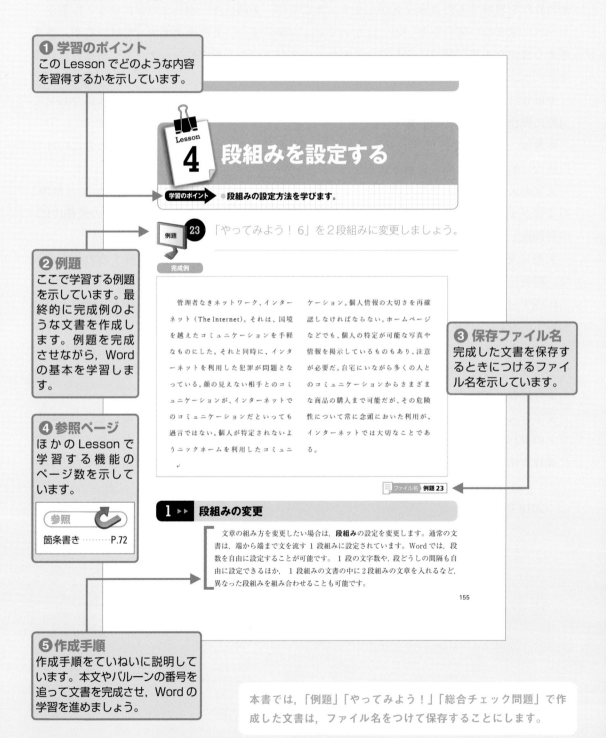

❶ 学習のポイント
このLessonでどのような内容を習得するかを示しています。

❷ 例題
ここで学習する例題を示しています。最終的に完成例のような文書を作成します。例題を完成させながら，Wordの基本を学習します。

❸ 保存ファイル名
完成した文書を保存するときにつけるファイル名を示しています。

❹ 参照ページ
ほかのLessonで学習する機能のページ数を示しています。

❺ 作成手順
作成手順をていねいに説明しています。本文やバルーンの番号を追って文書を完成させ，Wordの学習を進めましょう。

各Lessonの最後にある「やってみよう！」のページ内容は以下のようになっています。なお，「総合チェック問題」には「ヒント」はついていません。実力を試してみてください。

「やってみよう！」と「総合チェック問題」の解答は，巻末に収録しています。わからないところがあれば，側注に記入されているページに戻って，操作方法を復習しましょう。

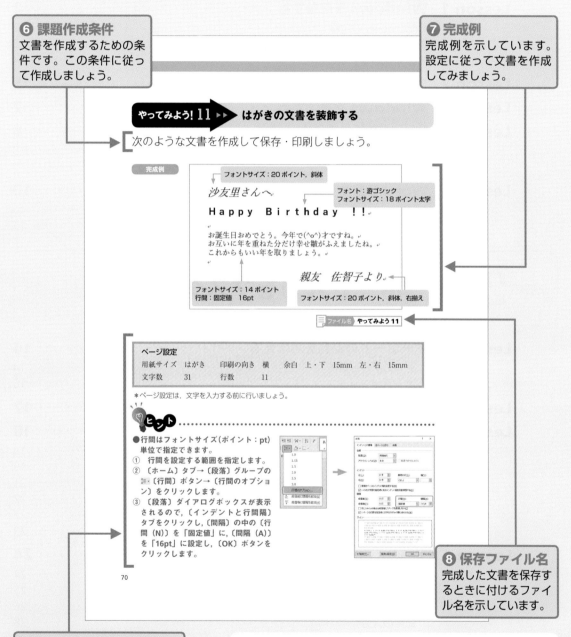

本書で作成・利用しているサンプルWordファイルは，下記の小社インターネットホームページの本書紹介ページの「本書のサポートページ」からダウンロードできるようになっています。

http://gihyo.jp/book/2016/978-4-7741-8145-5

目次

PART 1 ▶ Word をはじめる前に　　1

Lesson 1　Windows を起動する　　2
　1. Windows の起動　　2
　2. スタートメニュー　　3
　3. ウィンドウ各部の名称　　4

Lesson 2　マウスの操作をマスターする　　5

Lesson 3　Windows を終了する　　7

Lesson 4　Word でできること　　8
　1. Word とは　　8
　2. 多彩な文書作成機能　　9

Lesson 5　Word を起動・終了する　　10
　1. Word の起動・終了　　10
　2. Word の画面　　11

PART 2 ▶ キーボード入力をマスターしよう　　13

Lesson 1　キーボードの配列をおぼえる　　14
　1. キーの名称と機能　　14
　2. ホームポジション　　16

Lesson 2　日本語入力システムを使う　　17

Lesson 3　文字の入力方法をおぼえる（1）　　18
　1. ローマ字入力とかな入力　　18
　2. ひらがなの入力　　19
　3. 文字の削除と修正　　21
　4. 全角・半角カタカナの入力　　22
　5. 全角・半角英数字の入力　　22
　　練習問題 ①・②　　23

Lesson 4　文字の入力方法をおぼえる（2）　　24
　1. 漢字への変換　　24
　2. 文節の長さの変更　　25
　3. 入力中の文字の修正　　26
　4. 記号の入力　　28
　5. 読みのわからない漢字の入力　　30
　　練習問題 ③・④・⑤・⑥・⑦・⑧　　33

CONTENTS

Lesson 5 入力に便利な機能を使う ………………………………… 36
 1. 単語の登録 ………………………………… 36
 2. 入力時にはたらく自動修正機能 ………………………………… 37
 練習問題 ⑨・⑩・⑪・⑫ ………………………………… 39

PART 3 ▶ 文書を管理・作成・編集しよう　41

Lesson 1 作成した文書を保存する ………………………………… 42
 例題 01 ▶ 文書の入力・保存を行う ………………………………… 42
  1. ファイル名をつけて保存 ………………………………… 42
  2. 文書の呼び出し ………………………………… 43

Lesson 2 文書を編集する ………………………………… 45
 例題 02 ▶ 文字のコピー・貼り付けを行う ………………………………… 45
  1. 文字のコピー・貼り付け ………………………………… 45
 例題 03 ▶ 文字の切り取り・貼り付けを行う ………………………………… 47
  2. 文字の切り取り・貼り付け ………………………………… 47
 例題 04 ▶ 文章のミスを修正する ………………………………… 48
  3. 自動文章校正機能 ………………………………… 48
  4. 手動による文章校正 ………………………………… 49
 やってみよう！ ①・② ………………………………… 50

Lesson 3 作成した文書を印刷する ………………………………… 52
 やってみよう！ ③・④ ………………………………… 53

Lesson 4 ページ設定をする ………………………………… 55
 例題 05 ▶ ページ設定と文書の印刷を行う ………………………………… 55
  1. 用紙サイズの設定 ………………………………… 56
  2. 余白と印刷の向きの設定 ………………………………… 56
  3. 文字数と行数の設定 ………………………………… 57
 やってみよう！ ⑤・⑥・⑦・⑧ ………………………………… 58

Lesson 5 文字の位置を揃える ………………………………… 62
 例題 06 ▶ 右揃え・中央揃えを使って文書を編集する ………………………………… 62
  1. 右揃え ………………………………… 63
  2. 中央揃え ………………………………… 63

Lesson 6 縦書き文書を作成する ………………………………… 64
 例題 07 ▶ 縦書きの文書を作成する ………………………………… 64
  1. 縦書き文書の作成 ………………………………… 65

Lesson 7 文字装飾をマスターする ………………………………… 66
 例題 08 ▶ 文書に文字装飾をする ………………………………… 66
  1. 書式設定の機能 ………………………………… 67
  2. 文字の装飾 ………………………………… 67
 やってみよう！ ⑨・⑩・⑪ ………………………………… 68

目次

Lesson 8　Wordを使った文書作成のコツ　　71
例題 09　段落番号のある文書を作成する　　71
　　1. 箇条書きと段落番号　　72
例題 10　文字間隔を変更する　　74
　　2. 文字間隔の変更　　74
例題 11　「拝啓」や「敬具」などの定型的な書式を自動的に入力する　　76
　　3. オートフォーマットとあいさつ文　　76
例題 12　インデントを使って文字の位置を調整する　　78
　　4. インデントの利用　　79
例題 13　行間を広げる　　82
　　5. 行間の調整（段落）　　83
例題 14　文書にヘッダーとフッターをつけて保存・印刷する　　84
　　6. ヘッダーとフッターの利用　　85
　　やってみよう！　⑫・⑬・⑭・⑮・⑯・⑰・⑱・⑲　　87

PART 4　表や罫線，図形を利用しよう　　95

Lesson 1　文書の中に表を作成する　　96
例題 15　表のある文書を作成する　　96
　　1. 表の挿入　　97
例題 16　表を編集する　　99
　　2. 表の形や大きさ，色などの編集　　100
　　やってみよう！　⑳・㉑　　105

Lesson 2　簡単な図形を作成する　　107
例題 17　図形を作成する　　107
　　1. 図形描画の機能　　108
　　2. 図形の作成　　110
　　3. 基本図形の利用　　112
　　4. 図形の重なり順　　112
　　5. 図形の回転　　113
　　6. 図形のグループ化　　113
　　やってみよう！　㉒・㉓・㉔・㉕　　115

PART 5　画像やテキストを挿入しよう　　119

Lesson 1　イラストを挿入する　　120
例題 18　イラスト入り文書を作成する　　120
　　1. 画像の挿入　　121
　　2. イラストの操作と書式設定　　124
　　やってみよう！　㉖・㉗・㉘　　127

CONTENTS

Lesson 2　特殊な位置に文字を挿入する ……………………………………… **130**
例題 19　テキストボックスを作成する ……………………… 130
　　　1. テキストボックスの作成 ……………………… 131
　　　2. 順序と書式設定 ……………………… 133
　　　やってみよう！ ㉙・㉚・㉛ ……………………… 134

PART 6 ▶ 文書作成機能を活用しよう　　137

Lesson 1　カラフルな見出しを作成する …………………………………… **138**
例題 20　ワードアートのある文書を作成する ……………………… 138
　　　1. ワードアートの挿入 ……………………… 139
　　　2. ワードアートの機能 ……………………… 141
　　　やってみよう！ ㉜ ……………………… 142

Lesson 2　文字の検索や置き換えを行う ………………………………… **143**
例題 21　文書内にある文字の検索と置換をする ……………………… 143
　　　1. 文字の置換 ……………………… 144
　　　2. 文字の検索 ……………………… 145
　　　やってみよう！ ㉝ ……………………… 147

Lesson 3　ルビや囲い文字を利用する ……………………………………… **148**
例題 22　ルビや囲い文字のある文書を作成する ……………………… 148
　　　1. 拡張書式とは ……………………… 149
　　　2. 拡張書式の使い方 ……………………… 150
　　　やってみよう！ ㉞・㉟ ……………………… 153

Lesson 4　段組みを設定する ……………………………………………………… **155**
例題 23　2段組みの文書を作成する ……………………… 155
　　　1. 段組みの変更 ……………………… 155
　　　やってみよう！ ㊱・㊲・㊳ ……………………… 157

PART 7 ▶ 差し込み印刷をやってみよう　　161

Lesson 1　差し込むデータを作成する ……………………………………… **162**
例題 24　差し込み印刷に使う文書とデータを作成する ……………………… 162
　　　1. 差し込み印刷とは ……………………… 163
　　　2. データファイルの作成 ……………………… 164

Lesson 2　差し込み位置を指定する ………………………………………… **168**
例題 25　データの差し込み位置を指定する ……………………… 168
　　　1. 差し込み位置の指定 ……………………… 169

Lesson 3　差し込み印刷を実行する ………………………………………… **172**

目次

例題 26	差し込み印刷を実行する	172
	1. 差し込み印刷の実行	172
	やってみよう！ ㊴	174

PART 8 ▶ 文書のひな形を活用しよう　175

Lesson 1　テンプレートを使う　176
例題 27　FAX 送付状を作成する　176
1. テンプレートとは　177
2. テンプレートの編集　178
3. テンプレートとして文書を保存　181
やってみよう！ ㊵　182

Lesson 2　文書作成ウィザードを使う　183
例題 28　年賀はがきの宛名を印刷する　183
1. データファイルの作成　184
2. はがきの宛名印刷　186
やってみよう！ ㊶　190

PART 9 ▶ 少し複雑な文書を作成しよう　191

Lesson 1　SmartArt グラフィックを挿入する（1）　192
例題 29　SmartArt グラフィックのある文書を作成する　192
1. SmartArt グラフィックとは　192
2. SmartArt グラフィックの編集　195
やってみよう！ ㊷　197

Lesson 2　SmartArt グラフィックを挿入する（2）　198
例題 30　SmartArt グラフィックを編集する　198
1. SmartArt グラフィックのレイアウト変更　198
2. SmartArt グラフィックの書式設定　201
やってみよう！ ㊸　203

Lesson 3　複数の文書を関連づける　204
1. ハイパーリンクとは　204
2. ハイパーリンクの設定　204

総合チェック問題①〜⑮　206
解答編　221

索引　244

PART 1

Word をはじめる前に

- ▶▶ Lesson 1　Windows を起動する
- ▶▶ Lesson 2　マウスの操作をマスターする
- ▶▶ Lesson 3　Windows を終了する
- ▶▶ Lesson 4　Word でできること
- ▶▶ Lesson 5　Word を起動・終了する

Lesson 1 Windowsを起動する

学習のポイント
- Windowsの起動方法と画面の名称を学びます。
- アプリの起動方法を学びます。

1 ▶▶ Windowsの起動

　Wordなどのアプリケーションは Windowsの上で動いています。

　まず，Windowsのようすを見てみましょう。最初にパソコンの電源を入れると，ロック画面が表示されます。ロック画面の上でマウスをクリックするかキーボードの Enter キーを押すと，サインイン画面に変わるので，パスワードを入力して，Windowsにサインインします。

1. 画面上でクリックするか Enter キーを押します。

2. パスワードを入力します。

ロック画面

サインイン画面

　正しいパスワードが入力されると，次のような画面が表示されます。

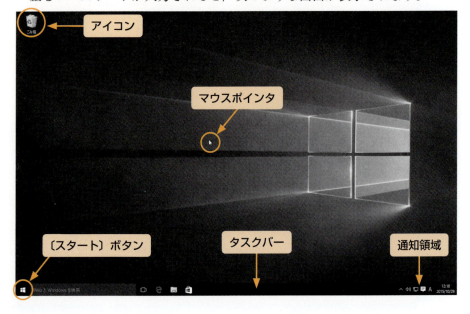

アイコン　マウスポインタ　〔スタート〕ボタン　タスクバー　通知領域

※ Windowsの初期画面は，パソコンメーカーやWindowsをアップグレードインストールした場合など，お使いの環境によって異なることがあります。

PART 1　Lesson 1 Windowsを起動する

　この画面がWindowsの初期画面で，**デスクトップ**といいます。デスクトップはちょうど机の上のような場所で，ここでいろいろなソフトを起動して作業します。デスクトップには，いろいろなソフトやファイルのアイコンを並べることもできます。

　デスクトップの下の**タスクバー**には，起動しているソフトのアイコンが表示されるので，これをクリックして起動中のソフトを切り替えながら使うことができます。また，タスクバーの右側にある，アイコンの並んだ部分を**通知領域**といい，パソコンのハードウェアやWindowsのシステム・ソフトなどに関係する情報が表示されています。

2 ▶▶ スタートメニュー

　タスクバーの左端にある ■〔**スタート**〕**ボタン**をクリックすると，**スタートメニュー**が表示されます。スタートメニューは，Windows 10を使うときの出発点で，アプリ（ソフト）を起動したり，ファイルを開いたりするだけでなく，Windows 10の設定変更や，パソコンの電源を切るなどのさまざまな機能を選んで実行することができます。

- ユーザアカウント
- よく使うアプリ
- タイル
- 電源
- すべてのアプリ

アプリの一覧から目的のアプリをさがしてクリックします。

　スタートメニューの右側のタイルをクリックすると，そのアプリが起動します。タイルの中に見つからないアプリを使いたいときは，〔すべてのアプリ〕をクリックすると，スタートメニューの左側にインストールされているアプリの一覧が表示されるので，その中から選んで起動します。

3 ▶▶ ウィンドウ各部の名称

開いたウィンドウの各部の名称は次のようになっています。これらはWindows操作の基本となるものなので，おぼえておきましょう。

① **タイトルバー** …… ウィンドウのタイトルが表示されます。このようなフォルダーウィンドウではフォルダー名が表示され，Word などのプログラムウィンドウではプログラム名やファイル名が表示されます。

② **アドレスバー** …… 開いているファイルやフォルダーの場所が表示されます。

③ **〔最小化〕ボタン** …… ウィンドウを最小化して，タスクバーにボタンとして格納します。タスクバー上のボタンをクリックすると，元の状態に戻ります。

④ **〔最大化〕ボタン** …… ウィンドウを画面いっぱいにして表示します。最大化すると，このボタンが 🗗 〔元に戻す（縮小）〕ボタンに変わります。

⑤ **〔閉じる〕ボタン** …… ウィンドウを閉じて，プログラムを終了します。

⑥ **タブ** …… クリックするとタブに応じたリボンが表示され，起動しているアプリケーションに対する作業（コマンド）を選択，実行できます。

Lesson 2 マウスの操作をマスターする

学習のポイント
- マウスの操作方法について学びます。
- クリック・ダブルクリック・ドラッグ・右クリックなどについて学びます。

マウスの握り方

　Windowsでは，マウスを頻繁に使用します。マウスを軽く握り，机の上で引きずるように動かすと，マウスポインタの が画面上で動きます。マウスには，2つのボタンがありますが，右手で持つ場合は，人差し指を左ボタンに，中指を右ボタンの上に置きます。マウスのボタンをカチッと1回押すことを**クリック**といいます。通常は左ボタンを押すことが多いので，単にクリックといったときは，**左クリック**のことを指します。

　それでは，デスクトップ左上にある〔ごみ箱〕のアイコンをクリックしてみましょう。〔ごみ箱〕の上にマウスポインタを移動して，その位置でクリックすると〔ごみ箱〕のアイコンと文字が線で囲まれて色が変わり，選択されていることがわかります。

　クリックに対して，左ボタンを2回続けて素早くカチカチッと押すことを**ダブルクリック**といいます。クリックは単に選択するだけですが，ダブルクリックはウィンドウなどを開いて，次の段階に進むことができます。

　ここでは，タスクバーの〔エクスプローラー〕アイコンをクリックしてクイックアクセスウィンドウを開いてみましょう。続いて，〔ピクチャ〕のアイコンをダブルクリックします。〔ピクチャ〕のウィンドウが開きました。

アイコンなどにマウスポインタを合わせて，左ボタンを1回押し，ボタンを押したままの状態でマウスを移動させることを**ドラッグ**といいます。ドラッグすることによってウィンドウを移動したり，大きさを変えることができます。ここでは〔クイックアクセス〕のウィンドウの大きさを変えてみましょう。

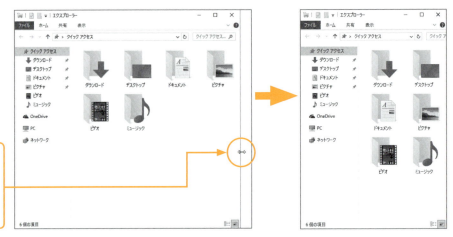

マウスポインタが⇔に変わる位置で，左にドラッグします。

　〔クイックアクセス〕のウィンドウが小さくなりました。
　アイコンなどをクリックし，ドラッグしたあと，ボタンを離すことを**ドラッグアンドドロップ**といいます。
　クリックやダブルクリックは左ボタンを押しましたが，これに対して，右ボタンを押すことを**右クリック**といいます。右クリックで表示されるメニューを**ショートカットメニュー**といいます。
　最後に〔ライブラリ〕ウィンドウの右上にある✕をクリックして，ウィンドウを閉じてください。

ワンポイント▶▶ タッチスクリーンでの操作

　Windows10では，タッチ操作でも使用できるようになっています。本書ではマウスでの操作を基本に解説していますが，基本的なマウス操作とタッチ操作の関係は次の表のようになっています。タッチスクリーンのついたパソコンをお持ちの方は試してみてください。

マウス操作	対応するタッチ操作の名称と説明
左クリック	タップ…………1本の指で画面をポンと押します。
ダブルクリック	ダブルタップ…タップを2回繰り返します。
ドラッグ	スライド………画面を押さえたまま指をずらします。
右クリック	長押し…………画面を押し続けます。
―	フリック………画面を素早く指で払う操作で，アクションセンターを表示するときなどに使います。対応するマウス操作はありません。

Lesson 3 Windowsを終了する

学習のポイント ● Windowsの終了の方法を学びます。

Windowsを終了するときは，いきなり電源ボタンを押して切ってはいけません。パソコンの故障の原因になる可能性があります。
ここでは，まだWordなどのアプリケーションを開いていませんが，開いている場合は，それを終了させます。

1 〔スタート〕ボタンをクリックします。

2 〔電源〕をクリックします。

3 〔シャットダウン〕を選択します。

これで，Windowsを終了する（パソコンの電源を切る）ことができます。

 **スリープについて**

Windows 10にはスリープと呼ばれる省電力状態があります。
をクリックしてから，〔スリープ〕を選択すると，使用中のアプリケーションを開いたまま内容を自動的に保存し，起動している状態よりも消費電力を抑えることができます。
また，作業を再開するときにも，短い時間で以前の状態に戻すことができます。

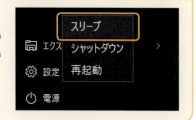

Lesson 4 Wordでできること

学習のポイント ● Wordとは何か，またその特徴的な機能について学びます。

1 ▶▶ Wordとは

　現在，ビジネスの現場では，さまざまな業務で，文書作成ソフトである「ワープロソフト」を使うことが一般的になっています。これは，美しい文書が作成できる，データの保存・印刷・修正が簡単に行える，パソコンどうしでデータの交換や共有ができるなどの利点があるためです。なかでも，マイクロソフト社の「Word」は世界中のパソコンで使用されているワープロソフトです。本書は，その最新版であるWord 2016について解説しています。
　Wordは文章作成に役立つさまざまな機能を備えているほか，簡単なイラ

ストや表，図形を組み込んだ文書の作成が可能です。ここでは，Wordの主な特徴について見ていきましょう。

2 ▶▶ 多彩な文書作成機能

（1）さまざまな文字入力支援機能

　文字入力をよりスムーズに行うため，Wordはさまざまな文字入力支援機能を備えています。後ろのページでくわしく解説しますが，スペルチェックや文章校正，箇条書き記号の自動入力などがあり，これらを上手に活用することで，文書作成の時間を短縮できます。

（2）オリジナルの装飾文字

　文字を目立たせたい場合は，「ワードアート」と呼ばれる機能を利用することで，カラフルな装飾文字が簡単に作成できます。

（3）高度なレイアウト機能

　単に文章を書くだけでなく，それを自由に割り付けられることもWordの特徴です。本文以外の自由な箇所にテキストや図を挿入できるほか，文字方向（縦書き／横書き）や段組みの設定など，簡単なDTP（デスクトップパブリッシング）ソフトとして使えるだけの文書作成能力があります。

（4）差し込み印刷

　1つの文書を，宛名を変えて何枚も印刷するときは，差し込み印刷という機能を使います。差し込み印刷は，印刷する文書の特定の場所に，別に作ったデータを入れて組み合わせる機能です。2種類のデータを操作するので，応用的な使い方といえますが，Wordでは「ウィザード」と呼ばれる対話形式の操作で2つのデータを作成することができます。

（5）簡単操作で本格的なグラフィック

　Word 2016には，複雑な組織図やリスト，フローチャートなどを手軽に作成することができる「SmartArtグラフィック」という機能が搭載されています。カラフルなレイアウトがテンプレート（ひな形）として用意されているので，情報を視覚的にわかりやすく表現できます。

Lesson 5 Wordを起動・終了する

学習のポイント
- Wordを起動・終了する方法を学びます。
- Wordの画面構成と各部の名称・機能を学びます。

1 ▶▶ Wordの起動・終了

Wordを起動してみましょう。

1 〔スタート〕ボタンをクリックします。
2 Word 2016のタイルをクリックします。

タイルの中にWord 2016がなかった場合は，〔すべてのアプリ〕をクリックして，表示されたアプリ一覧の中のWord 2016をクリックします。

Word 2016が起動してテンプレート選択画面が開きます。

3 「白紙の文書」を選択します。

「白紙の文書」を選択すると，次ページのようなWordの文書編集用の画面が表示されます。

Wordを終了するときは，タイトルバーの右端にある ✖ 〔閉じる〕ボタンをクリックします。複数の文書を開いているときは，この作業を繰り返します。

この方法のほかに，タスクバーのWordのアイコンを右クリックして，出てきたメニューから〔すべてのウィンドウを閉じる〕を選ぶことでもWordを終了させることができます。

1 Wordのアイコンを右クリックします。
2 〔すべてのウィンドウを閉じる〕を選択します。

2 ▶▶ Wordの画面

　Wordを起動したときの画面は，次のようになっています。Windows画面の名称と比べながら見てみましょう。

① **リボン** …… さまざまな作業を行うための各**コマンドボタン**が，いくつかのグループごとにタブ単位で表示されます。それぞれのグループ名はリボンの下に表示されています。

② **タブ** …… コマンドボタンが項目別にまとめられています。作業に応じてタブをクリックし，ボタンの表示を切り替えることができます。

③ **クイックアクセスツールバー** …… 特に使用頻度の高いボタンが配置されています。リボン上の各コマンドボタンを右クリックし，〔クイックアクセスツールバーに追加（A）〕をクリックすると，そのコマンドボタンをクイックアクセスツールバーに追加することができます。

④ **カーソル** …… 文字が入力される場所を示しています。

⑤ **スクロールバー** …… 作成中の文書が大きくて画面に収まりきらない場合，画面の右端や下端に表示されます。画面に表示されない部分を見たいときに，このバーを上下・左右にドラッグして，表示する範囲を移動させます。

⑥ **ステータスバー** …… 文書のページ数や文字数，入力モード，画面表示の大きさなど，現在の作業状況が表示されます。

⑦ ズームスライダー …… 左右にドラッグして,画面表示の倍率を変更します。
⑧ グリッド線 …… 文書レイアウトを考えるときの補助線のことです。〔表示〕タブ→〔表示〕グループの〔グリッド線〕をクリックすることで,グリッド線の表示・非表示を選択できます。紙面が煩雑になるため,本書では非表示の状態で学習します。

コンテキストタブについて

　Word 2016では,特定の作業をする際にだけ表示されるコンテキストタブがあります。図形や表を選択すると,タブの並びの右端に表示されます。それぞれ,図形や表を編集するために使用するコマンドボタンがグループごとにまとめられています。

● 図形を選択すると,〔描画ツール〕の〔書式〕タブが表示されます。

● 表を選択すると,〔表ツール〕の〔デザイン〕タブと〔レイアウト〕タブが表示されます。

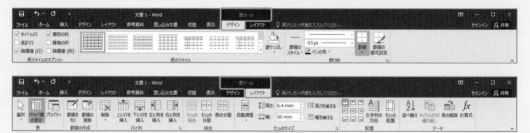

● 画像を選択すると,〔図ツール〕の〔書式〕タブが表示されます。

● テキストボックスを選択すると,〔描画ツール〕の〔書式〕タブが表示されます。

● ヘッダーまたはフッターを選択すると,〔ヘッダー/フッターツール〕の〔デザイン〕タブが表示されます。

PART 2

キーボード入力を
マスターしよう

▶▶ Lesson 1　キーボードの配列をおぼえる
▶▶ Lesson 2　日本語入力システムを使う
▶▶ Lesson 3　文字の入力方法をおぼえる（1）
▶▶ Lesson 4　文字の入力方法をおぼえる（2）
▶▶ Lesson 5　入力に便利な機能を使う

Lesson 1 キーボードの配列をおぼえる

学習のポイント
- キーボードの配列と各キーの機能を学びます。
- スムーズに入力するための指使いをおぼえます。

1 ▶▶ キーの名称と機能

キーボードは以下のような配列になっています。よく使うキーの名称とその使用方法についておぼえましょう。なお，配列は機種によって多少異なりますが，重要なキーの位置はどれもほとんど同じです。

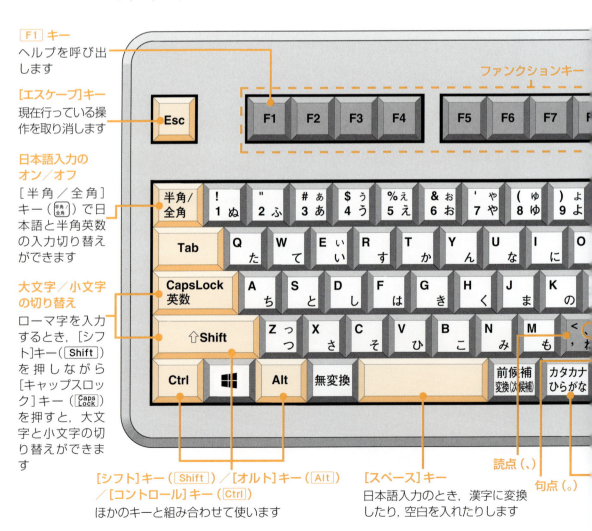

F1 キー
ヘルプを呼び出します

[エスケープ]キー
現在行っている操作を取り消します

日本語入力のオン／オフ
[半角／全角]キー（半角/全角）で日本語と半角英数の入力切り替えができます

大文字／小文字の切り替え
ローマ字を入力するとき，[シフト]キー（Shift）を押しながら[キャップスロック]キー（CapsLock）を押すと，大文字と小文字の切り替えができます

[シフト]キー（Shift）／[オルト]キー（Alt）／[コントロール]キー（Ctrl）
ほかのキーと組み合わせて使います

[スペース]キー
日本語入力のとき，漢字に変換したり，空白を入れたりします

読点（、）

句点（。）

PART 2　**Lesson 1　キーボードの配列をおぼえる**

長音（ー）
「カード」などの長音や
ハイフンとして使います

[バックスペース]キー
1つ前（カーソルの左側）の文字を消します

アットマーク（@）
メールのアドレス入
力で使います

[エンター]キー
文字の変換を確定したり
改行を入れたりします

[デリート]キー
1つ後ろ（カーソルの右側）
の文字を消します

スラッシュ（/）
日本語入力でスラッシュ
を入力したいときは，[/]
キーのあとに[F10]キーを
押します
また，スラッシュはテン
キーの中にもあります

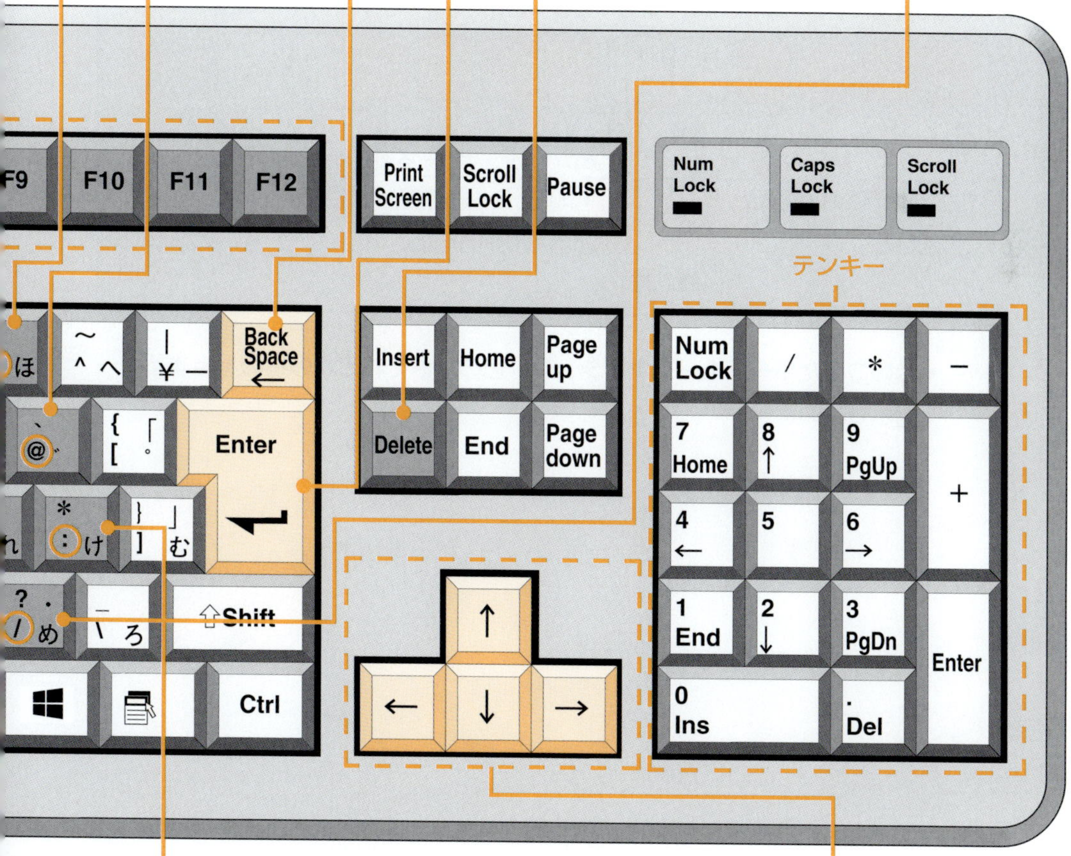

テンキー

セミコロン（;）

[カタカナひらがな]キー
かな入力とローマ字入力
を切り替えます

コロン（:）

矢印キー
カーソルを左右上下に
移動します

15

2 ▶▶ ホームポジション

　キーボードの配列がつかめたら，次はより効率的な入力をめざしましょう。その際に，基本となる指の置き方が**ホームポジション**と呼ばれるものです。ホームポジションでは小指もよく使うため，はじめのうちは難しいかもしれませんが，どの指でどのキーを押すかを意識しながら操作していきましょう。

＊色のついたキーがホームポジション，色の線はそれぞれの指の担当するキーを示しています。

Lesson 2 日本語入力システムを使う

学習のポイント ●日本語入力システム「Microsoft IME」の機能を学びます。

　パソコンで日本語を入力する場合，専用のプログラムが必要です。このプログラムが**日本語入力システム**で，代表的なものには「**Microsoft IME**」と「**ATOK**」の2つがあります。本書では，Windowsとセットで入手できるMicrosoft IMEを使います。

　画面の右下の通知領域に，日本語変換システムの状況が下図のように表示されています。

半角英数モード

ひらがな入力モード

　これは，「Microsoft IME」の入力モードを表しているものです。半角英数モードとひらがな入力モードの切り替えは，[半角/全角]キーを押したり，通知領域の A や あ のボタン（入力モードボタン）をクリックすることで行えます。

　全角カタカナや全角英数などのほかの入力モードに切り替えたり，かな入力とローマ字入力を切り替えたりするときには，入力モードボタンの上で右クリックして表示される〔IMEのオプション〕メニューから選択します。

ワンポイント▶▶ 言語バーを使う

　Microsoft IMEには，「言語バー」という右のようなツールが用意されています。
　言語バーのアイコンは左から順に，日本語入力システムの切り替え，入力モード，IMEパッド，確定前の文字列を検索，ツール，ヘルプ，CAPSロックキーの状態（上段），KANAロックキーの状態（下段）になっていて，日本語入力システムの状態を表示するとともに，文字入力の操作や設定が簡単に行えるようになっています。
　言語バーを表示させるには，スタートボタンを右クリックして〔コントロールパネル〕→「時計，言語，および地域」の〔言語の追加〕→〔詳細設定〕とクリックしていき，〔入力方式の切り替え〕の「使用可能な場合はデスクトップ言語バーを使用する」に ☑ を付け，〔保存〕ボタンをクリックします。

Lesson 3 文字の入力方法をおぼえる（1）

学習のポイント
- 実際にキーボードを使って，ひらがな・カタカナ・英数字を入力します。
- ローマ字入力とかな入力の違いを学びます。
- 間違って入力した文字の修正方法を学びます。

1 ▶▶ ローマ字入力とかな入力

　日本語の入力方法には，[K][A][S][A]のようにローマ字を組み合わせて入力する**ローマ字入力**と，[か][さ]のようにかな読みで入力する**かな入力**の2つの方法があります。入力方法の切り替えは，[Alt]キー＋[カタカナ ひらがな]キーか，入力モードボタンを右クリックして表示される〔IMEオプション〕メニューで行います。

　キーボードを見てみましょう。各キーには文字や記号が2〜4つ書いてあります。これは，入力の方法によって有効となる文字や記号が変わるためです。その規則は，おおよそ下の図のようになっています（例外のキーもいくつかあります）。

文字が2種類の場合

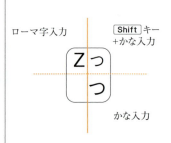

文字が3種類の場合

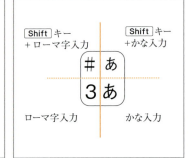

文字が4種類の場合

2 ▶▶ ひらがなの入力

　実際にキーボードを使って文字を入力します。まずは，ひらがなで「げんきです」と入力してみましょう。

　はじめに，ローマ字入力とかな入力のどちらの入力モードを使うかを選んでください。

① 　ローマ字入力の場合はキーボードから [G][E][N][N][K][I][D][E][S][U]，かな入力の場合は [け][゛][ん][き][て][゛][す] と押します。

　　　|げんきです|

② 　[Enter] キーを押して確定すると，下線が消えます。

　　　|げんきです|

　なお，設定によっては [スペース] キーを押すと □ が表示されますが，紙面が煩雑になるため，本書では表示なしで学習していきます。〔ファイル〕タブ→〔オプション〕ボタン→〔表示〕をクリックし，〔常に画面に表示する編集記号〕の〔スペース（S）〕のチェックをはずすと表示されません。

□が表示される場合　　　　□が表示されない場合

ワンポイント ▶▶ どちらの入力方法がおすすめ？

　ローマ字入力とかな入力のどちらを選ぶかは，重要な問題でしょう。実際に使ってみて，自分に合った方法を決めるのが一番ですが，どちらの入力方法にも長所と短所があるので注意が必要です。総合的にみると，初心者がこれから入力方法をおぼえる場合，ローマ字入力のほうがおすすめといえます。

	長所	短所
ローマ字入力	・おぼえるキーの数が少ない ・解説書の多くはローマ字入力を基本に書かれているため，本書以降のステップアップがしやすい ・外国語用のキーボードでも日本語が入力できる	・ローマ字をおぼえなければならない ・入力のとき押すキーの数が多い
かな入力	・入力のとき押すキーの数が少ない ・ひらがなはそのままの形で入力できる	・おぼえるキーの数が多い

ローマ字入力表

ローマ字入力の一覧表です。ローマ字入力の参考にしてください。

あ	い	う	え	お	ば	び	ぶ	べ	ぼ
A	I	U	E	O	BA	BI	BU	BE	BO
か	き	く	け	こ	ぱ	ぴ	ぷ	ぺ	ぽ
KA	KI	KU	KE	KO	PA	PI	PU	PE	PO
さ	し	す	せ	そ	きゃ	きぃ	きゅ	きぇ	きょ
SA	SI(SHI)	SU	SE	SO	KYA	KYI	KYU	KYE	KYO
た	ち	つ	て	と	ぎゃ	ぎぃ	ぎゅ	ぎぇ	ぎょ
TA	TI(CHI)	TU(TSU)	TE	TO	GYA	GYI	GYU	GYE	GYO
な	に	ぬ	ね	の	しゃ	しぃ	しゅ	しぇ	しょ
NA	NI	NU	NE	NO	SYA	SYI	SYU(SHU)	SYE	SYO(SHO)
は	ひ	ふ	へ	ほ	じゃ	じぃ	じゅ	じぇ	じょ
HA	HI	HU(FU)	HE	HO	JA	JYI	JU	JE	JO
ま	み	む	め	も	ちゃ	ちぃ	ちゅ	ちぇ	ちょ
MA	MI	MU	ME	MO	TYA	TYI	TYU	TYE	TYO
や		ゆ		よ	にゃ	にぃ	にゅ	にぇ	にょ
YA		YU		YO	NYA	NYI	NYU	NYE	NYO
ら	り	る	れ	ろ	ひゃ	ひぃ	ひゅ	ひぇ	ひょ
RA	RI	RU	RE	RO	HYA	HYI	HYU	HYE	HYO
わ				を	びゃ	びぃ	びゅ	びぇ	びょ
WA				WO	BYA	BYI	BYU	BYE	BYO
ん					ぴゃ	ぴぃ	ぴゅ	ぴぇ	ぴょ
N(NN)					PYA	PYI	PYU	PYE	PYO
が	ぎ	ぐ	げ	ご	ふぁ	ふぃ	ふゅ	ふぇ	ふぉ
GA	GI	GU	GE	GO	FA	FI	FYU	FE	FO
ざ	じ	ず	ぜ	ぞ	みゃ	みぃ	みゅ	みぇ	みょ
ZA	ZI	ZU	ZE	ZO	MYA	MYI	MYU	MYE	MYO
だ	ぢ	づ	で	ど	りゃ	りぃ	りゅ	りぇ	りょ
DA	DI	DU	DE	DO	RYA	RYI	RYU	RYE	RYO

● 促音「っ」の入力

促音「っ」がある場合は，子音のキーを2回押します。
がっこう　GAKKOU
ねっと　NETTO

● 小文字のひらがなの入力

「ぁ」，「ぃ」，「ぅ」，「ぇ」，「ぉ」，「ゃ」，「ゅ」，「ょ」を入力する場合は，L または X を打ってから入力します。
きゃー　KILYA-
ぱぁーと　PAXA-TO

3 ▶▶ 文字の削除と修正

　文字を間違って入力した場合は，⌜Back Space⌟キーや⌜Delete⌟キーを使って修正する方法と，マウスで範囲指定して修正する方法の2つがあります。ここでは，間違って入力した「あいははれです」を「あしたははれです」と修正してみましょう。

　まず，「あいははれです」と入力し，⌜Enter⌟キーで確定しておきます。

（1）削除キーで修正する

① ⌜←⌟キーを押して，カーソルを「い」と「は」の間へ移動します。

　　あい|ははれです↵

② ⌜Back Space⌟キーを1回押して，「い」を消します。

※⌜Delete⌟キーを使って文字を削除する場合は，カーソルの後ろ（右側）の文字が消えるので，「い」の前（左側）にカーソルを置きます。

　　あ|ははれです↵

③ キーボードから「した」を入力し，⌜Enter⌟キーを押します。

　　あした|ははれです↵

（2）マウスで範囲指定して修正する

① 修正したい「い」をマウスでドラッグします。

　　あいははれです↵

② このまま「した」と入力すると，「い」が「した」に置き換えられるので，⌜Enter⌟キーで確定します。

　　修正の際に元の文字が消えてしまう場合には

　文字の修正をしても文字が挿入されず，元の文字が消えて入力されてしまう場合があります。これは，「上書きモード」（⌜Insert⌟キーを押して設定）という状態になっているからです。その場合は，⌜Insert⌟キーを押すと上書きモードが解除され，通常の「挿入モード」に戻ります。

4 ▶▶ 全角・半角カタカナの入力

　カタカナを入力する方法はいくつかありますが，ここでは，ひらがなで入力してからファンクションキーで文字種を変換してみましょう。全角カタカナにするには F7 キー，半角カタカナは F8 キーを使います。

　では，全角カタカナで「ボウシ」と入力してみましょう。

① キーボードから「ぼうし」と入力します。

　　ぼうし↵

② F7 キーを押すと全角カタカナに変わります。

　　ボウシ↵

③ Enter キーを押して，確定します。

5 ▶▶ 全角・半角英数字の入力

　英数字の入力も，カタカナと同じような方法で行います。全角英数字の場合は F9 キー，半角英数字には F10 キーを使います。F9 キーまたは F10 キーを何度か押すと大文字・小文字が変わります。その規則は以下のようになっています。

押した回数	1	2	3	4	5
文字の大小	入力を反映	すべて大文字	すべて小文字	先頭のみ大文字	入力と逆
例	lOVe	LOVE	love	Love	LovE

＊例は「lOVe」と入力して F10 キーで変換した場合。6回押すと，1回目に戻ります。

　では，全角英字で「ＴＯＫＹＯ」と入力してみましょう。

① ここではローマ字入力で，T O K Y O と入力します。

　　ときょ↵

② F9 キーを押します。

　　tokyo↵ 1回目　→　ＴＯＫＹＯ 2回目

③ Enter キーを押して，確定します。

PART 2　Lesson 3 文字の入力方法をおぼえる (1)

練習問題 1 ▶▶ ひらがなの入力

次の文字を，ホームポジションに手を置いてから入力しましょう。

① p.20のローマ字入力表を参考に，以下のように1行ずつ50音を入力しましょう。

　　　あいうえお　　[Enter]キーを押して改行
　　　かきくけこ　　[Enter]キーを押して改行
　　　さしすせそ　　[Enter]キーを押して改行
　　　　　⋮
　　　わをん　　　　[Enter]キーを押して改行

② 濁音・半濁音・拗音を，以下のように空白や改行を入れて入力しましょう。

　　　がぎぐげご　ざじずぜぞ　だぢづでど　ぱぴぷぺぽ
　　　きゃきゅきょ　じゃじゅじょ

③ 次の語句を，以下のように空白や改行を入れて入力しましょう。

　　　あさ　さか　かさ
　　　きじ　さじ　やさい　さらだ
　　　ふじ　せいか　こうこう
　　　かめ　めがね　ねこ
　　　こま　まり　りす　すいか
　　　かめ　めだか　ざたく　にんじん

④ 自分の名前をひらがなで入力してみましょう。

練習問題 2 ▶▶ カタカナ・英字の入力

次の文字を，ホームポジションに手を置いてから入力しましょう。

① ドッジボール　キャットフード（全角カタカナ）
② バッティング　ヴァイオリン　オートモービル（半角カタカナ）
③ ＣＤ－ＲＯＭ　ｃａｒ　Ｓｔｅｒｅｏ（全角英数字）
④ Window　Home-Page（半角英数字）
⑤ パソコンＣｌｕｂ　バックアップDATA
　　　　　　　　　（カタカナと「Ｃｌｕｂ」は全角，「DATA」は半角）

Lesson 4 文字の入力方法をおぼえる（2）

学習のポイント
- 漢字変換の方法を学びます。
- 文節の長さを変えて変換する方法を学びます。
- 入力中の文字を修正する方法を学びます。
- 記号の入力方法を学びます。
- 読みのわからない漢字の入力方法を学びます。

1 ▶▶ 漢字への変換

（1）単語を変換する

まずは単語を変換してみます。「天気」と漢字で入力しましょう。

① キーボードから「てんき」と入力します。

※キーボードからいくつか文字を入力すると予測入力の候補が表示されます。予測入力の候補の中からマウスのクリックや ↓ キー，↑ キーで選択することもできますが，ここでは予測変換の機能は使わないことにします。

② [スペース] キーまたは [変換] キーを押して漢字に変換します。
③ 入力したかった「天気」に変換されていたら，[Enter] キーで確定し，「天気」でなかったら，もう一度 [スペース] キーを押します。
④ 変換候補の一覧が表示されます。

> ↓・↑ キーやマウスのクリックで目的の語を選択します。

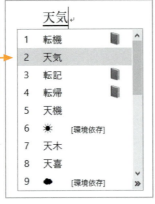

※ [スペース] キーを繰り返して押すことでも変換候補の中から目的の語を選択できます。

⑤ [Enter] キーを押して確定します。

PART 2　Lesson 4 文字の入力方法をおぼえる (2)

(2) 文章を変換する

「天気は晴れです」と漢字に変換しましょう。

① 「てんきははれです」と入力します。

> てんきははれです

② [スペース] キーまたは [変換] キーを押します。正しく変換されていない部分があったら，そこへ [←]・[→] キーで下線の太い部分を動かし，[スペース] キーを押して正しく変換します。[Enter] キーを押して確定します。

> 天気は晴れです

2 ▶▶ 文節の長さの変更

「今日は着物を買う」と「今日履物を買う」は，ひらがなで入力するとどちらも「きょうはきものをかう」です。こういった場合，Word ではそのまま変換すると，どちらか一方の結果が表示されます。2 つの文を使い分けるには，文節の長さを自分で調節することが必要です。

① 「きょうはきものをかう」と入力し，[スペース] キーを押して変換してみましょう。

② 「今日は着物を買う」と変換されたら [Enter] キーで確定します。

> 今日は着物を買う

③ もう一度「きょうはきものをかう」と入力して [スペース] キーを押すと，さっきの変換を記憶しているため，同じように変換されます。

> 今日は着物を買う

④ [Shift] キーを押しながら [←] キーを 1 回押して，文節の区切りを変えます。すると文節が 1 字分短くなり，「きょう」が青く反転します。

> きょうは着物を買う

⑤ [スペース] キーを押して「今日」と変換されたら [→] キーで文節を移動して，「は着物」を「履物」に変換し，[Enter] キーを押して確定します。

3 ▶▶ 入力中の文字の修正

　入力途中のタイプミス（押し間違い）については，以下の操作でも修正できます。いずれも，「今日の天気は晴れです」としたいところを「今日の天気はあれです」と入力してしまったときの修正方法です。

（1）変換前の修正方法
　変換する前の状態で，文字を修正する方法です。
① 「きょうのてんきはあれです」と入力します。

> きょうのてんきはあれです

② ←キーを 3 回押して，カーソルを「れ」の左側まで移動させます。

> きょうのてんきはあれです

③ Back Space キーで「あ」を消します。

> きょうのてんきはれです

④ 「は」を入力します。あとは スペース キーで変換しましょう。

> きょうのてんきははれです

（2）変換直後の修正方法
　「今日の天気はあれです」と変換してしまった確定前の文を「今日の天気は晴れです」と修正してみましょう。
① 「きょうのてんきはあれです」と入力し， スペース キーを押して変換します。

> 今日の天気はあれです

② →キーを2回押して，「あれです」の下線を太くします。

> 今日の天気はあれです

③ [Ctrl]キー＋[Z]キーを押すと変換が解除されて,「あれです」が変換前の状態に戻ります。

> 今日の天気はあれです

④ カーソルを「れ」の左側まで移動させて[BackSpace]キーで「あ」を消し,「は」を入力します。あとは,[スペース]キーを押して変換すれば修正完了です。

> 今日の天気ははれです

(3) 再変換を使った修正方法

① 「今日の天気はあれです」と入力し,確定します。

> 今日の天気はあれです

② カーソルを「あれです」のどこかに置いて[変換]キーを押すと,「あれです」が変換中の状態になります。

> 今日の天気はあれです
> 1 あれです
> 2 荒れです
> 3 アレです
> 4 荒です
> 5 阿連です
> 6 アレデス »

③ [Ctrl]キー＋[Z]キー,あるいは[BackSpace]キーで変換を解除します。以降は,(2)の④と同じ操作になります。

ワンポイント▶▶ 日本語入力に使う主なキー

キー	機能	キー	機能
[スペース]または[変換]	漢字に変換	[無変換]	ひらがな・カタカナに変換
[Enter]	変換中の文字すべてを確定	[Ctrl]＋[↓]	1文節ずつ確定
[←][→]	変換する文節を選択	[End]	最後の文節に移動
[Shift]＋[←][→]	文節の長さを変更	[Home]	最初の文節に移動

4 ▶▶ 記号の入力

(1) 記号変換で入力する

　記号を入力する際，Microsoft IME ではひらがなで「まる」と入力して「○」に変換するなど，漢字と同じような感覚で記号を入力することができます。

　以下は，記号変換を使って入力できる主な記号です。

入力する読み方	変換される記号
きごう	〃全ゝゞ々〆〇――‐／〵＼﹏￣゛゜´｀¨＼§＾≫¬⇒⇔∀∃∠⊥⌒∂∇≡∨≪†♯√∞∝∴∫∬Å‰＃♭♪♯～´≒×∥∧｜…±÷≠≦≧∞∴♂♀∪∵⊃⊂⊇∩⊆∋∈∍■〒※″
たんい	′″℃￥ÅȻ£%‰＄°㎡ ㎝ ㎏ ワッカロドリー
かっこ*	【】『』〈〉""「」〔〕｛｝［］（）≪≫〝〟{}[]<>()＜＞""（）
けいさん	≧÷±－×＋＝≠＜≦＞∞∝√∫∬
ずけい	★○▼▽▲△■□◆◇◎●☆
てん	。″；：．…、´・∴∵‥
やじるし	←↑→↓⇔⇒

　＊かっこは，始まりかっこと終わりかっこがセットで入力されます。
　＊このほかに，「みり」→「㎜・㍉」，「でんわ」→「℡」，「ゆうびん」→「〒」，「きろぐらむ」→「㎏」，「みりりっとる」→「㎖」などがあります。

(2) IME パッドから記号を入力する

　Microsoft IME の機能の1つ「IME パッド」を使って記号を入力することもできます。この方法で「〆」（締め）を入力してみましょう。
　まず，IME パッドを呼び出します。

1 〔入力モード〕ボタンの上で右クリックします。

2 〔IME パッド(P)〕を選択します。

PART 2　Lesson 4 文字の入力方法をおぼえる (2)

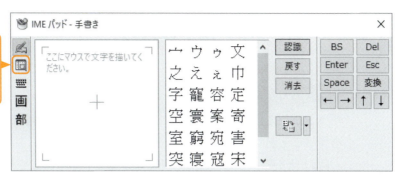

3 〔文字一覧〕ボタンをクリックします。

使用可能な文字一覧が表示されます。このとき，文書上のカーソルがIMEパッドで隠れてしまわないように，ドラッグアンドドロップで移動させておきましょう。

4 〔CJK用の記号および分音記号〕をクリックします。

5 「〆」を探してクリックします。

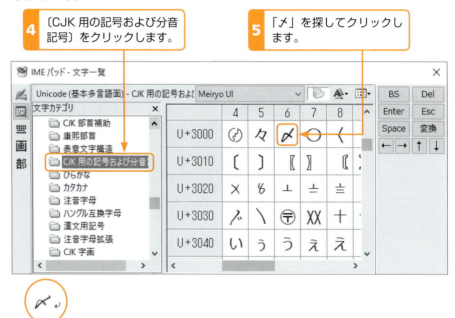

「〆」が入力されました。

※ IMEパッドの「文字一覧」で表示される表は横 16 列なので，次の写真のようにウィンドウを横長にしておくと，探しやすくなります。

ワンポイント▶▶ 入力中の文字をすべて消すには

文字を入力して [Enter] キーを押す前に [Esc] キーを押すと，入力中の文字はすべて消えます。

5 ▶▶ 読みのわからない漢字の入力

(1) 部首から検索する

　読みのわからない漢字を入力するときも，IME パッドを利用します。IME パッドを使えば，部首・総画数・手書きの3通りの方法で漢字の検索と入力をすることができます。

　「囮」という漢字を，部首の「くにがまえ」から探してみましょう。

　〔入力モード〕ボタンを右クリックして，「IME オプション」メニューの〔IME パッド(P)〕を選択します。

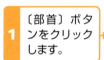
1 〔部首〕ボタンをクリックします。

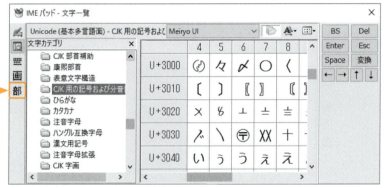

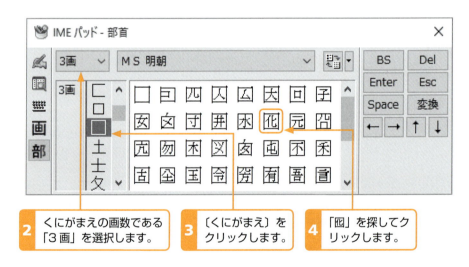

2 くにがまえの画数である「3画」を選択します。

3 〔くにがまえ〕をクリックします。

4 「囮」を探してクリックします。

「囮」が入力されました。

（2）総画数から検索する

「刃」という漢字を，総画数から探してみましょう。

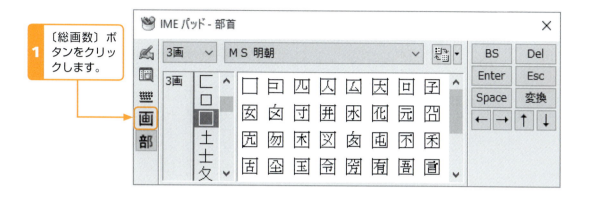

1. 〔総画数〕ボタンをクリックします。

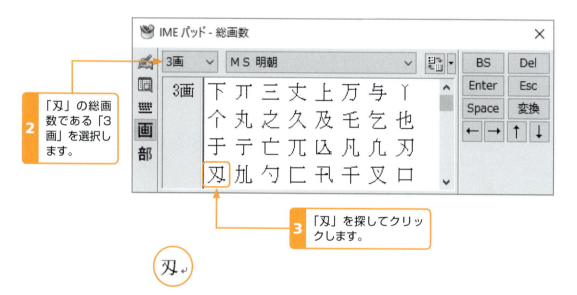

2. 「刃」の総画数である「3画」を選択します。
3. 「刃」を探してクリックします。

「刃」が入力されました。

ワンポイント▶▶ 一覧の表示方法を変える

同じ部首の漢字が多すぎて，目的の漢字がなかなか見つからない場合は，表示方法を変えてみましょう。表示の変更は 〔一覧表示の拡大／詳細の切り替え〕ボタンで行います。詳細表示にすると，部首や音読みなどの情報が一覧表示になります。

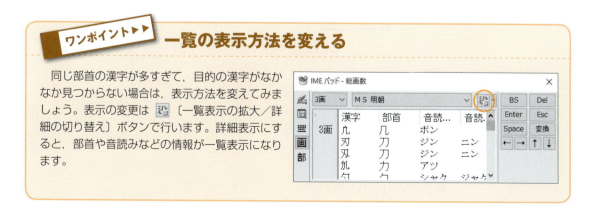

（3）手書きから検索する

「嵶」という漢字を手書き入力して探してみましょう。

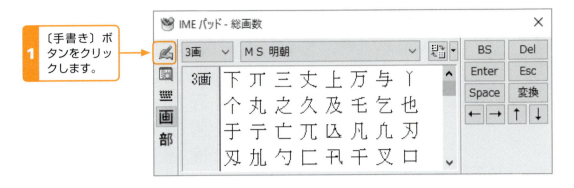

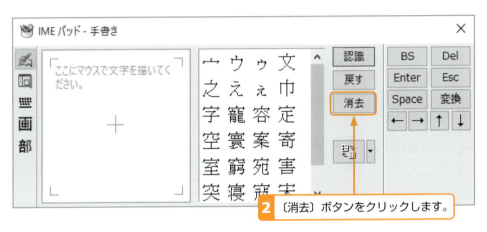

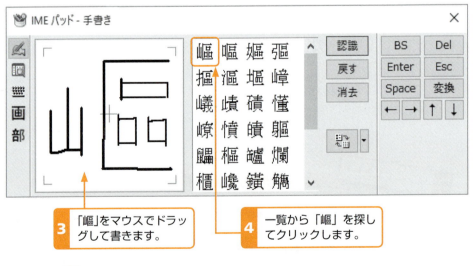

「嵶」が入力されました。

PART 2 | Lesson 4 文字の入力方法をおぼえる (2)

練習問題 3 ▶▶ 漢字の入力

（1） 自分の住所，電話番号，名前を入力しましょう。

   例 111 － 0001
     東京都千代田区神田○○町 × 丁目 × 番地 × 号
     電話 03 － 3333 － 0000
     東京 太郎

   例 604 － 85××
     京都市中京区寺町御池上る上本能寺前町×××
     電話 075 － 222 － 0000
     織田 新次郎

（2） 童謡の歌詞を思い浮かべて入力しましょう。

   例 うさぎ追いし　かの山　こぶな釣りし　かの川
     夢はいまもめぐりて　忘れがたき故郷

     いかにいます　父母　つつがなしや　友がき
     雨に風につけても　思いいずる故郷

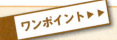

範囲指定の方法あれこれ

　範囲が細かくてマウスで指定しにくいときは，[Shift]キーを押しながら矢印キーを押して指定することもできます。
　指定したい範囲が大きいときは，文字単位ではなく行単位での指定も可能です。行頭の文字の左側にマウスポインタを移動すると ⇗ の形に変わります。このときクリックすると1行が丸ごと選択され，上または下へドラッグすると複数行を指定できます。また，[Ctrl]キーを押しながら指定すると，離れた複数の箇所を範囲指定することができます。
　範囲指定を解除したいときは，範囲指定したところ以外をクリックします。

練習問題 4 ▶▶ ひらがな・カタカナ・記号の入力

次の記号のまじった文を入力しましょう。

① 今日の終り値は、$1＝¥112.25　£1＝¥188.50 です。
② ごめんなさい m(__)m　やあ！(^_^)／　ビックリです＼(◎o◎)／！
③ ◇◆◇◆◇今週のトピックス◇◆◇◆◇
④ ひらがなで「さんかく」と入力して変換キーを押すと，▽△▼▲が入力できます。
⑤ 「㎡」は「へいほうめーとる」と入力しても「へいべい」と入力しても，変換できます。
⑥ ㈱や㈲，㈳などの記号もあります。
⑦ 「―」を連続して入力し，確定すると「――――――――――」になります。
⑧ 「！」「"」「＃」「＄」「％」「＆」「'」「(」「)」「＝」「～」などの記号は，記号変換やIMEパッドを使わなくても，キーボードから直接入力できます。
⑨ 矢印には「→」「←」「↓」「↑」「⇔」「⇒」などがあります。

練習問題 5 ▶▶ 入力中の文字修正 1

以下の文を次の手順で入力しましょう。Aのひらがな文を入力→変換せずにBの文へと修正→Cの文に変換して確定します。

① A「あすまでへいてんです」
　 B「あすまでにはへいてんします」
　 C「明日までには閉店します」
② A「そこからはしりだす」
　 B「そこまではしりきる」
　 C「そこまで走りきる」

PART 2　Lesson 4 文字の入力方法をおぼえる (2)

練習問題 6 ▶▶ 入力中の文字修正 2

Aの文を入力・変換後，再変換などを利用してBの文へと訂正しましょう。

① A「端から端まで探します」　B「橋から橋まで走ります」
② A「体から綺麗にする」　　　B「空だからきれいにしたい」
③ A「車で待つ」　　　　　　　B「来るまで待つ」
④ A「意志なきところに路はなし」B「医師なき地区に道は通ず」

練習問題 7 ▶▶ 文節の長さを変えて変換する

次の2つの文を交互に繰り返して入力しましょう。

① 「明日は滝を駆ける」　　　「明日はたきをかける」
② 「今日花見にする？」　　　「今日は並にする？」
③ 「次は瀬川の話」　　　　　「次長谷川のは無し」
④ 「京で着たのは着物です」　「今日出来たの履物です」

●2つ目以降の文節を調節する場合は，矢印キーの ← → キーを使って文節を移動します。

練習問題 8 ▶▶ 難しい読みの漢字の入力

次の漢字を総画数・部首・手書きの3通りの方法で探し，入力しましょう。

鰒　鱧　鰡　耄　問　鶯

Lesson 5 入力に便利な機能を使う

学習のポイント
- 単語を登録する方法を学びます。
- オートコレクト機能について学びます。

1 ▶▶ 単語の登録

　Microsoft IMEでは，変換に手間のかかる単語や，頻繁に使う長い語句を自由な読み方で登録しておくことができます。たとえば，「高崎」ではなく「髙﨑」と入力したい場合，通常は1文字ずつ変換しなければなりませんが，「たかさき」という読み方で登録しておけば，次回以降は一度に変換することができます。自宅や会社の住所（○○市××町△-△-△）なども，簡単な読み方で登録しておくと便利です。

　人名の「髙﨑」を「たかさき」という読み方で単語登録してみましょう。まず，IMEパッドの〔手書き〕などを利用して「髙﨑」と入力し，範囲指定します。

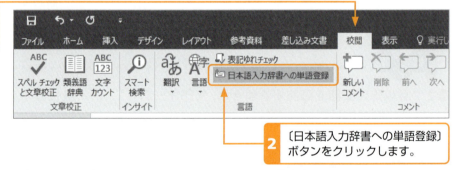

1. 〔校閲〕タブをクリックします。
2. 〔日本語入力辞書への単語登録〕ボタンをクリックします。

〔単語の登録〕ダイアログボックスが表示されます。

作業中にWordが止まってしまった場合

　Word操作中に「Micrsoft Wordは動作を停止しました」などのメッセージが表示されて，Wordの操作ができなくなることがあります。このような場合，もうそれ以上Wordの操作はできませんが，編集中のファイル内容の回復は可能な場合もあります。
　ただし，完全に元通りになるとは限りません。作業中のファイルはこまめに保存をするようにこころがけましょう。

PART 2　Lesson 5　入力に便利な機能を使う

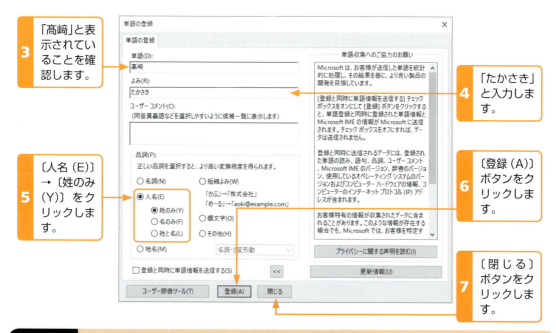

2 ▶▶ 入力時にはたらく自動修正機能

　Wordにはさらに，**オートコレクト**と呼ばれる機能があります。これは，入力時の明らかなミスを，自動的に修正するものです。たとえば「こんにちわ」と入力すると，自動的に「こんにちは」と修正されます。

　オートコレクトがはたらくのは，入力ミス，スペルミス，文法上の誤り，大文字と小文字のミスなどです。また，半角で「(c)」と入力した文字を「©」に変換するなど，記号への修正もできます。

　オートコレクトの設定項目は，以下の手順で変更できます。

　〔ファイル〕タブをクリックします。〔情報〕の画面が表示されます。

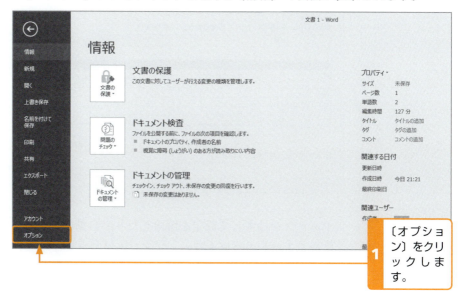

〔Word のオプション〕ダイアログボックスが表示されます。

〔オートコレクト〕ダイアログボックスが表示されます。

　チェックをはずして設定を解除したり，自動的に修正される文字列をリストに加えるなどの変更を行い，〔OK〕ボタンをクリックします。

PART2　Lesson 5　入力に便利な機能を使う

練習問題 9 ▶▶ 単語の登録

単語登録機能を使って以下の単語を登録しましょう。

	（単語）	（よみ）	（品詞）
①	断捨離	だんしゃり	名詞
②	拉薩	らさ	地名
③	十日夜	とおかんや	名詞

練習問題 10 ▶▶ 情報の登録

単語登録機能を使って以下の情報を登録しましょう。登録後，それぞれの情報が読みから変換できるかどうか，入力して確認しましょう。

① （よみ）じゅうしょ　（品詞）短縮よみ
（単語）　東京都千代田区神田○○町 × 丁目 × 番地 × 号

② 自分の名前

③ （よみ）でんわ　（品詞）短縮よみ
（単語）　電話　03-1234-5678

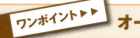 **オートフォーマット**

オートコレクトのほかに，かっこの組み合わせを修正したり，「前略・草々」などあいさつ文の組み合わせを入力したりする**オートフォーマット**という機能があります。PART3 の p.76 ～ p.77 でくわしく解説します。

練習問題 11 ▶▶ 文章入力総合練習 1

次の文章を入力しましょう。

　最初のころは、ポツポツと文字を入力していますが、ホームポジションを利用するとだんだんと入力が楽になってきます。ホームポジションをおぼえることは、暗い部屋で毎日手探りで灯りをつけることと同じで、スイッチ《key》の位置を見ずに操作ができるということです。また、オートコレクトやオートフォーマットなど入力を支援してくれる機能もありますので、これらをうまく活用することも大切です。
　こうしてワープロで文字が入力できるようになると、電子メールの利用、SNSへの投稿と、さらにその技術の活用範囲は広がっていきます。

練習問題 12 ▶▶ 文章入力総合練習 2

次の文章を入力しましょう。

　ご無沙汰しております。 4年に一度の恒例の同窓会を行います。場所は、わが母校の前にあるCoffee店「★～どカン！」です。まずは、皆さんのご予定を今月末までに、幹事の齊藤へご連絡ください。
　Tel　03〈5555〉××××

●「★」は「ほし」,「～」は「から」,「Tel」は「でんわ」と入力し，変換します。

PART 3

文書を管理・作成・編集しよう

- ▶▶ Lesson 1　作成した文書を保存する
- ▶▶ Lesson 2　文書を編集する
- ▶▶ Lesson 3　作成した文書を印刷する
- ▶▶ Lesson 4　ページ設定をする
- ▶▶ Lesson 5　文字の位置を揃える
- ▶▶ Lesson 6　縦書き文書を作成する
- ▶▶ Lesson 7　文字装飾をマスターする
- ▶▶ Lesson 8　Wordを使った文書作成のコツ

Lesson 1 作成した文書を保存する

学習のポイント
- 文書を作成して，保存する方法を学びます。
- 保存しておいた文書を開く方法を学びます。

 次の文章を入力・保存しましょう。

完成例

> さまざまな文書を作成する際に気をつけなければならないこととして、著作権の問題がある。毎日目にする新聞の記事も、その利用には、各新聞社の利用許可を得る必要がある。また、そこには利用のための費用もかかってくる。音楽については、利用許可を得る以前に著作物を利用した時点で、これを管理している「日本音楽著作権協会（JASRAC）」などへの使用料が発生する。今日、インターネットなどでさまざまな情報を簡単に手に入れることができるが、利用には細心の注意が必要である。↵

ファイル名 例題01

1 ▶▶ ファイル名をつけて保存

　Wordで作成した文書を保存しておくと，再び呼び出して修正を加えたり，印刷したりできます。例題の文書は，入力が終わったら，「例題01」とファイル名をつけて「ドキュメント」フォルダーに保存しておきましょう。
　〔ファイル〕タブをクリックします。次の画面に替わります。

1 〔名前を付けて保存〕をクリックします。

「名前を付けて保存」の画面に替わります。

PART 3　Lesson 1 作成した文書を保存する

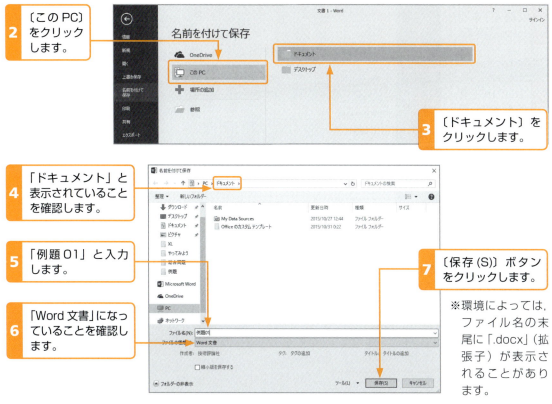

「例題01」というファイル名で，文書が保存されました。

2 ▶▶ 文書の呼び出し

次は，「例題01」のファイルを呼び出してみましょう。いったん Word を終了してから，もう一度起動します。

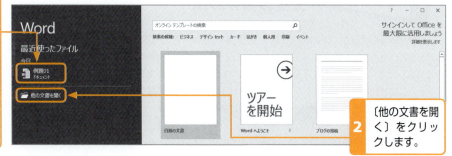

ワンポイント▶▶ 上書き保存について

「名前を付けて保存」のほかに，**上書き保存**という方法があります。いったん名前を付けて保存したファイルを開き，作業したのち，クイックアクセスツールバーの 🖬 〔上書き保存〕ボタンをクリックすると，元の文書が現在の文書に置き換えられ，同じファイル名のまま保存されます。

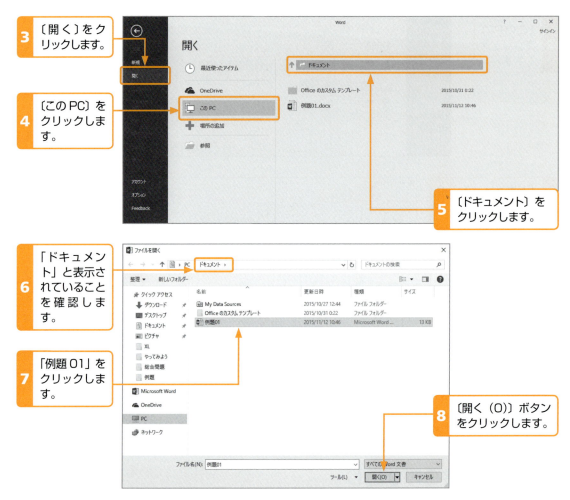

先ほど保存した「例題01」の文書が開きます。

 **文書の保存形式**

Word 2016は，Word 2016の標準的な保存形式である「Word 文書」のほかにも，Word 97～2003で開くことのできる「Word 97-2003 文書」や，Wordのインストールされていないパソコンでも Word で作成した文書を見ることのできる「PDF」など，さまざまな形式でファイルを保存できます。

ほかの形式で保存するには，〔名前を付けて保存〕ダイアログボックスの「ファイルの種類 (T)」をクリックして出てきた右のようなメニューから，保存形式を選択します。

「Word 97-2003 文書」で保存すると，Word 2016 特有の機能で作成した部分が変更されることがありますが，その場合には，〔Microsoft Word - 互換性チェック〕ウィンドウが表示されて，変更点を確認できます。

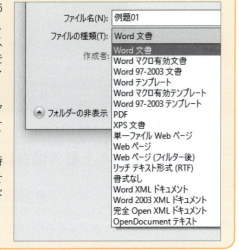

Lesson 2 文書を編集する

学習のポイント
- コピー・切り取り・貼り付けによる編集方法を学びます。
- 入力ミスや表現の間違いを発見する方法を学びます。

例題 02　次の文章の「体操」をすべて「ラジオ体操」に変えましょう。

原文

> 毎朝行っている体操ですが、来週から体操の会の都合により開始時間を6時15分に変更いたします。皆様お誘いあわせの上、朝の体操の会にご参加ください。

ファイル名　例題02 原文

1 ▶▶ 文字のコピー・貼り付け

元になる文章を入力しておきます。

1. 「ラジオ」と入力します。
2. ドラッグして範囲指定します。
3. 指定した範囲内で右クリックして、ショートカットメニューを表示させます。
4. 〔コピー（C）〕をクリックします。

追加で入力した「ラジオ」をコピーします。

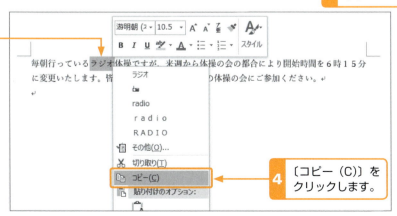

45

5 ２つ目の「体操」の前にカーソルを移動し，右クリックします。

6 〔貼り付けのオプション： 元の書式を保持（K）〕をクリックします。

すると，「ラジオ」が貼り付けられます。もう１か所の「体操」についても，同じように作業します。

〔ファイル〕タブ→〔名前を付けて保存〕をクリックして，ファイル名を「例題02完成例」として保存しましょう。

完成例

ファイル名　例題02 完成例

ワンポイント▶▶ ドラッグで切り取り・貼り付けを行う

　切り取りと貼り付けの操作は，ドラッグアンドドロップだけで行うこともできます。操作をより簡素化できるので，マウスの扱いに慣れてきたら，この方法を使うと便利です。
　手順は以下のとおりです。

① 「ラジオ体操の〜」を範囲指定し，反転した文字をドラッグします。すると，マウスポインタとカーソルの形が右図のように変わります。
② マウスポインタを「来週」の前に移動し，マウスのボタンを離します。すると，そこに「ラジオ体操の〜」が貼り付けられます。

PART 3 | Lesson 2 文書を編集する

例題 03

「例題2」で作成した文章を，次の下線部のように編集しましょう。

完成例

毎朝行っているラジオ体操ですが，ラジオ体操の会の都合により来週から６時１５分に開始時間を変更いたします。朝のラジオ体操の会に皆様お誘いあわせの上，ご参加ください。

ファイル名　例題03

2 ▶▶ 文字の切り取り・貼り付け

参照
文書の呼び出し …… P.43
範囲指定 …… P.21

「例題2」のファイルを開きます（ファイル名「例題02完成例」）。

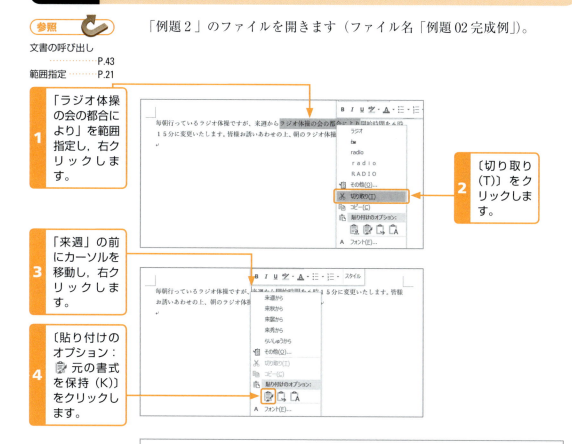

1. 「ラジオ体操の会の都合により」を範囲指定し，右クリックします。
2. 〔切り取り（T）〕をクリックします。
3. 「来週」の前にカーソルを移動し，右クリックします。
4. 〔貼り付けのオプション：元の書式を保持（K）〕をクリックします。

カーソルの位置に「ラジオ体操の〜」が挿入されます。「開始時間を」「皆様お誘いあわせの上，」についても，同じ操作で修正します。

例題 04 次の文章のミスを修正しましょう。

例文

> パソコンが登場する以前は、大きな汎用コンピュータが主流でした。大変高価なものだったので、1台のコンピューターを何人もの人で使いました。私たちの生活をコンピュータが大きく変えてます。

ファイル名　例題 04

3 ▶▶ 自動文章校正機能

画面左下にあるステータスバーの言語ボタン〔日本語〕をクリックします。

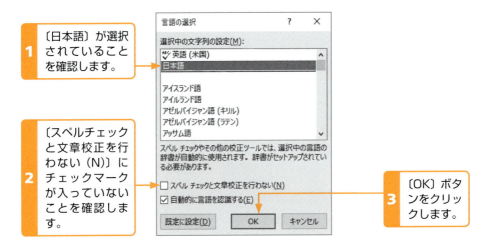

1. 〔日本語〕が選択されていることを確認します。
2. 〔スペルチェックと文章校正を行わない（N）〕にチェックマークが入っていないことを確認します。
3. 〔OK〕ボタンをクリックします。

これで，Wordの自動文章校正機能がはたらきます。なおWord 2016では，標準でこの状態になっています。

まず，例文を入力します。入力が終わると，自動文章校正機能がはたらいて，4か所に下線が付きます。

> パソコンが登場する以前は、大きな汎用コンピュータが主流でした。大変高価なものだったので、1台のコンピューターを何人もの人で使いました。私たちの生活をコンピュータが大きく変えてます。

この文章の場合，2種類のチェックがはたらいています。
ア）「コンピュータ」と「コンピューター」の2通りの表現があり，統一されていません（「表現の揺らぎ」といいます）。
イ）「変えてます」は「い抜き言葉」です。
　どちらも，次の手順で修正できます。

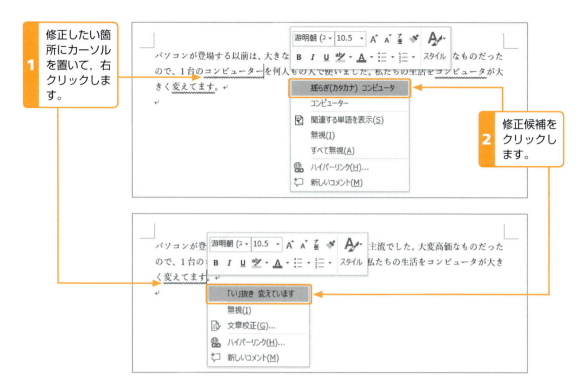

自動文章校正機能では，このほかにも「ら抜き言葉」や，「約 2 メートルほど」などの重ね言葉，送りがなの違い，英単語のスペルミスなどを検出します。

4 ▶▶ 手動による文章校正

　Word 2016 では，簡単な操作でさまざまな文章校正機能を利用することができます。〔校閲〕タブをクリックし，〔文章校正〕グループの各コマンドボタンを利用して，次のような文章校正を使います。

① **スペルチェックと文章校正** …… 作成中の文書全体について，英単語のスペルチェックや「ら抜き言葉」のチェックなどを行います。

② **類義語辞典** …… カーソルのある位置の単語と類似する意味を持つ別の単語を作業ウィンドウに表示します（日本語には対応していません）。

③ **文字カウント** …… 作成中の文書全体の文字数やページ数，段落数や行数，半角英数字の単語数などを表示します。

やってみよう！1 ▶▶ 文字のコピー・貼り付け

次のような文書を作成しましょう。なお，同じ名前や曜日などは，コピーと貼り付けを利用して入力しましょう。

完成例

```
今月の担当者
第1木曜日   加藤修二    第1土曜日   木下妙子
第2木曜日   武田浩二    第2土曜日   石川美枝子
第3木曜日   木下妙子    第3土曜日   加藤修二
第4木曜日   石川美枝子  第4土曜日   武田浩二
```

ファイル名 やってみよう01

●同じ入力内容は，クリップボードを活用すると簡単に入力できます。

ワンポイント▶▶ クリップボードを活用しよう

　コピーや切り取りの作業を行うと，そのデータは「クリップボード」へ順番に保存されます。クリップボードを使うと，「やってみよう！1」で行ったような作業が簡単にできます。
　クリップボードは，〔ホーム〕タブ→〔クリップボード〕グループの ▫ をクリックして表示させます。挿入したい箇所にカーソルを置き，クリップボード内のアイテムをクリックするとその文字が貼り付けられます。

PART 3　Lesson 2 文書を編集する

やってみよう！2 ▶▶ 校正機能を活用する

次の文章を原文のとおりに入力し，自動文章校正機能と再変換機能を利用して修正しましょう。

原文

> 作成した文書のデーターを保存する場所として、ＵＳＢメモリー（USB memoly）があります。小さい割に容量が大きくて便利ですが、万一、紛失した時には大切なデータを失ってしまうばかりか、個人情報流出の危険もあります。データー保存もさることながら、保存した媒体の取り扱いについても充分注意が必要です。

ファイル名　やってみよう 02 原文

完成例

> 作成した文書の<u>データ</u>を保存する場所として、ＵＳＢメモリー（USB <u>memory</u>）があります。小さい割に容量が大きくて便利ですが、万一、紛失した時には大切なデータを失ってしまうばかりか、個人情報流出の危険もあります。<u>データ</u>保存もさることながら、保存した媒体の取り扱いについても<u>十分</u>注意が必要です。

＊下線部が修正した箇所です。

ファイル名　やってみよう 02 完成例

●「データー」と「データ」の 2 通りの表記があるので「データ」で統一します。

Lesson 3 作成した文書を印刷する

学習のポイント ●作成した文書をプリンターで印刷する方法を学びます。

文書を印刷するときは、印刷したい文書をWordで開いた状態で〔ファイル〕タブをクリックします。

〔情報〕画面が表示されるので〔印刷〕をクリックします。

1 〔印刷〕をクリックします。

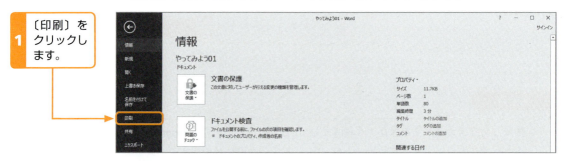

〔印刷〕画面に変わります。

2 プリンターの選択や設定を確認します。

3 〔印刷〕ボタンをクリックします。

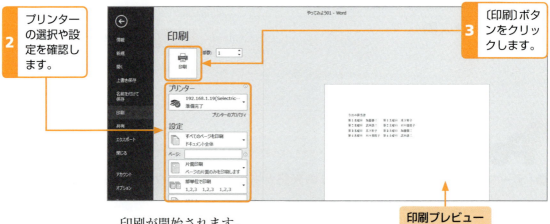

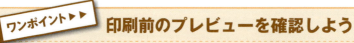

印刷が開始されます。

ワンポイント ▶▶ 印刷前のプレビューを確認しよう

サイズの大きな文書の場合、入力中の画面では印刷される状態がわかりにくいものです。また画面の表示形式によっては、印刷の仕上がりとかなり違っている場合もあります。

そこで、印刷する前に、右側に表示される**印刷プレビュー**を確認しましょう。このとき、文字数と行数の変更、余白の設定や用紙サイズ、印刷方向の変更などを行うことができます。くわしくは、「ページ設定をする」p.55～57で解説します。

PART 3 Lesson 3 作成した文書を印刷する

やってみよう! 3 ▶▶ 文書を印刷する 1

次の文章を入力して印刷しましょう。

完成例

> 　ダイエットブームの中、日本茶が最近見直されている。脂っこくなりがちな食生活に対応して、カテキン【エピガロカテキンガレート】が体にいいとのことだ。
> 　昔から冬の寒い時期、風邪を引かぬようにとお茶を飲んだり、うがいに使ったりしてきたが、カテキンには殺菌作用、さらには抗がん作用まであるという。よくよく考えると、昔からの食生活を守っていれば、それが健康に一番近いのかもしれない。ヤサイ中心の食生活。特に煮物など、昔ながらの料理を見直すことから始めてみよう。

ファイル名　やってみよう03

ワンポイント▶▶ 印刷の「設定」の内容

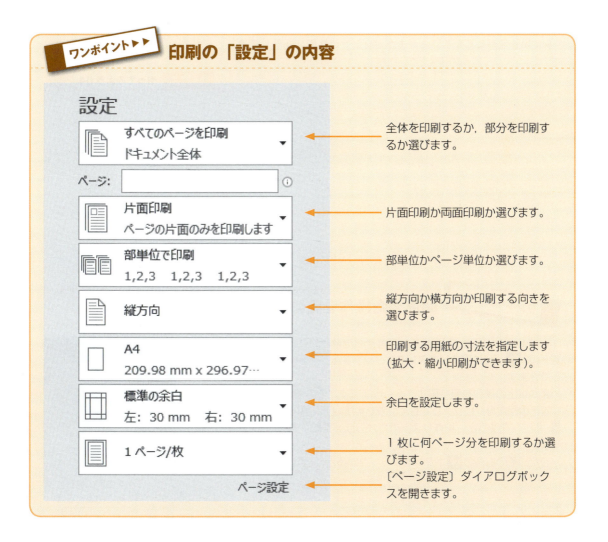

やってみよう! 4 ▶▶ 文書を印刷する 2

次の文章を入力して印刷しましょう。

完成例

> 2000年ごろのパソコンの仕様を調べてみると、パソコンの進歩の速さに驚かされる。処理速度の目安になるCPU《パソコンの頭脳部分》のクロック周波数も、数百MHz〈メガヘルツ〉のものがほとんどで、1GHz〈ギガヘルツ・1GHzは1000MHz〉を超えた製品は、出はじめたばかりだった。このころのパソコンよりも今のスマートホンの方が高い処理能力を持っているというから驚くが、当時は不自由を感じることもなく、むしろ、処理能力の高さに驚いたものだった。では使うソフトはどうかというと、ワープロ、表計算と、ビジネスで使うソフトは、今とほとんどかわらない。しかし、現在ではそれぞれのソフトの機能が増えてきている。ソフトの機能のためにパソコンが進化するのか、パソコンの進化に合わせてソフトの機能が増えるのか、どちらが先かは難しい話だ。昔のソフトを今のパソコンで使用すればサクサク作動することも確かだが、一旦、新しいソフトの便利さを知ると、昔のソフトに戻る気がなくなる。まだまだパソコンの性能は進化し続けることだろう。

ファイル名　やってみよう04

ワンポイント ▶▶ 間違えた操作を元に戻すには

　Wordでは，間違った操作をしてしまった場合，クイックアクセスツールバーの　〔元に戻す〕ボタンをクリックすると，その操作を取り消すことができます。
　2つ以上の操作を元に戻すことも可能です。その場合，〔元に戻す〕ボタンをその回数分クリックしてもよいのですが，〔元に戻す〕ボタンの右にある　ボタンを使うと，操作リストでさかのぼって取り消すことができて便利です。
　また，その右側の　ボタンをクリックすると，〔やり直し〕になります。

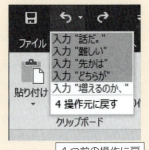

4つ前の操作に戻しているところ

Lesson 4 ページ設定をする

学習のポイント ● 用紙サイズ・行数・文字数・余白などの設定方法を学びます。

例題 05　次の文書を，下記のページ設定で作成して，印刷しましょう。

完成例

　然しどうしたことだろう、私の心を充していた幸福な感情は段々逃げて行った。香水の壜にも煙管にも私の心はのしかかってはゆかなかった。憂鬱が立て罩めて来る、私は歩き廻った疲労が出て来たのだと思った。私は画本の棚の前へ行って見た。画集の重たいのを取り出すのさえ常に増して力が要るな！　と思った。然し私は一冊ずつ抜き出しては見る、そして開けては見るのだが、克明にはぐってゆく気持は更に湧いて来ない。然も呪われたことにはまた次の一冊を引き出して来る。それも同じことだ。それでいて一度バラバラとやって見なくては気が済まないのだ。それ以上は堪らなくなって其処へ置いてしまう。以前の位置へ戻すことさえ出来ない。

ファイル名　**例題 05**

（梶井基次郎「檸檬」より）

ページ設定

| 用紙サイズ | A4 | 印刷の向き | 縦 | 余白 上・下 30mm　左・右 40mm |
| 文字数 | 30 | 行数 | 30 | |

1 ▶▶ 用紙サイズの設定

文章を入力する前に，**ページ設定**をします。まず，用紙サイズから設定しましょう。

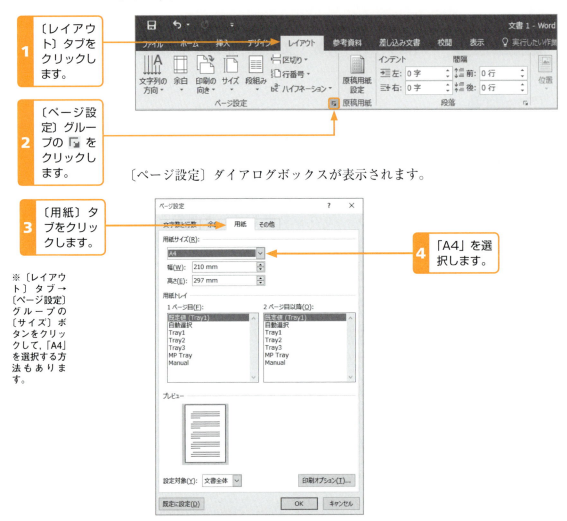

1 〔レイアウト〕タブをクリックします。

2 〔ページ設定〕グループの 🔲 をクリックします。

〔ページ設定〕ダイアログボックスが表示されます。

3 〔用紙〕タブをクリックします。

4 「A4」を選択します。

※〔レイアウト〕タブ→〔ページ設定〕グループの〔サイズ〕ボタンをクリックして，「A4」を選択する方法もあります。

これで用紙サイズが A4 になります。

引き続き，「余白」と「印刷の向き」，「文字数と行数」の設定を行いますので，［OK］ボタンはまだクリックしないでください。

2 ▶▶ 余白と印刷の向きの設定

用紙サイズを設定したら，次に余白と印刷の向きを設定します。

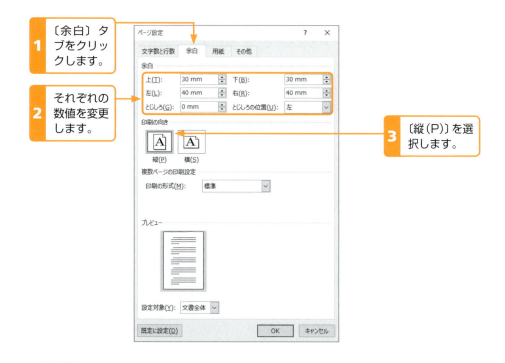

3 ▸▸ 文字数と行数の設定

最後に，文字数と行数の設定を行います。

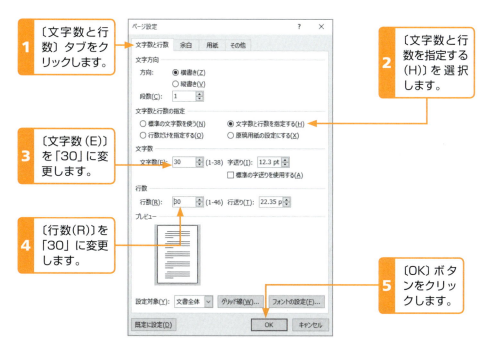

これでページ設定ができました。あとは，完成例に合わせて文字を入力します。なお，余白や用紙サイズを変更すると，自動的に文字数と行数が設定されるので，必ず最後に文字数と行数が正しいかどうかを確認しましょう。

やってみよう！5 ▶▶ ページ設定をする 1

「例題 5」の文書を，下記のページ設定で印刷しましょう。

完成例

> 　然しどうしたことだろう、私の心を充していた幸福な感情は段々逃げて行った。香水の壜にも煙管にも私の心はのしかかってはゆかなかった。憂鬱が立て罩めて来る、私は歩き廻った疲労が出て来たのだと思った。私は画本の棚の前へ行って見た。画集の重たいのを取り出すのさえ常に増して力が要るな！　と思った。然し私は一冊ずつ抜き出しては見る、そして開けては見るのだが、克明にはぐってゆく気持は更に湧いて来ない。然も呪われたことにはまた次の一冊を引き出して来る。それも同じことだ。それでいて一度バラバラとやって見なくては気が済まないのだ。それ以上は堪らなくなって其処へ置いてしまう。以前の位置へ戻すことさえ出来ない。↵

 ファイル名 やってみよう05

ページ設定

用紙サイズ	B5	印刷の向き	縦	余白 上・下 35mm 左・右 35mm
文字数	25	行数	30	

ワンポイント ▶▶ プリンターの用紙サイズ

〔ページ設定〕の用紙サイズにはたくさんの選択肢がありますが，主に使われるのは右の表の数種類です。

このうち，A 列は国際規格（ISO 規格）と同じですが，B 列は日本独自の JIS 規格なので，プリンターによって「JIS B5」，「B5（JIS）」，「JB5」など，さまざまな表記があります。選択するときに気をつけてください。印刷結果がおかしいときにもチェックしてみましょう。

種類	サイズ (mm)	種類	サイズ (mm)
A3	297×420	B4	257×364
A4	210×297	B5	182×257
A5	148×210	B6	128×182
A6	105×148	はがき	100×148

PART 3 | Lesson 4 ページ設定をする

やってみよう！6 ▶▶ ページ設定をする 2

次の文書を，下記のページ設定で作成して，保存・印刷しましょう。

完成例

　　管理者なきネットワーク、インターネット（The Internet）。それは、国境を越えたコミュニケーションを手軽なものにした。それと同時に、インターネットを利用した犯罪が問題となっている。顔の見えない相手とのコミュニケーションが、インターネットでのコミュニケーションだといっても過言ではない。個人が特定されないようニックネームを利用したコミュニケーション。個人情報の大切さを再確認しなければならない。ホームページなどでも、個人の特定が可能な写真や情報を掲示しているものもあり、注意が必要だ。自宅にいながら多くの人とのコミュニケーションからさまざまな商品の購入まで可能だが、その危険性について常に念頭においた利用が、インターネットでは大切なことである。↵

ファイル名　**やってみよう06**

ページ設定

用紙サイズ	A4	印刷の向き	縦	余白 上・下 35mm　左・右 30mm
文字数	35	行数	25	

やってみよう！7 ▶▶ ページ設定をする3

次の文書を，下記のページ設定で作成して，保存・印刷しましょう。

完成例

```
平成○○年3月2日

第4地区町会会員各位

富士見町会　会長
髙嵜幸次郎

春のバスツアーのご案内

少しずつ暖かくなってきました。今年も恒例の「お花見バスツアー」を実施いたします。家族皆様お誘いあわせの上ご参加いただきますよう、心よりお待ち申し上げております。
なお、ご参加申し込みにつきましては、3月15日までに会計係飯田まで、参加費用を添えてお申し込みいただきますようお願い申し上げます。

実施日　4月5日　AM7：30　第4地区集会所前に集合
会費　　大人1人￥4,500　（中学生以下は￥1,800）
コース　集会所出発→花山公園（園内散策）→桃源郷（和食処・昼食）

※バス・お食事の予約の都合上、4月に入りましてのキャンセルは会費の返還ができませんので、ご了承ください。

今年度旅行幹事
柴田　恭子
```

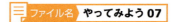
ファイル名　やってみよう07

ページ設定

| 用紙サイズ | B5 | 印刷の向き | 縦 | 余白 | 上・下 30mm | 左・右 30mm |
| 文字数 | 35 | 行数 | 30 | | | |

PART 3 Lesson 4 ページ設定をする

やってみよう! 8 ▶▶ ページ設定をする 4

次の文書を，下記のページ設定で作成して，保存・印刷しましょう。

完成例

　　　　9月のウォーキング

9月のウォーキングは、日向山を予定しております。参加されない方は、今月末までにご連絡ください。

集合　　新橋駅東口　交番前　6時
目的地　埼玉県竹中市　日向山（4.5kmのコース）

◆当日は、終了後の反省会で、次回の活動場所と幹事を決めさせていただきます。できるだけご参集いただきますよう、お願いします。

ファイル名　やってみよう08

ページ設定

用紙サイズ	はがき	印刷の向き	横	余白	上・下 15mm　左・右 20mm
文字数	30	行数	11		

Lesson 5 文字の位置を揃える

学習のポイント ●文を右や中央に揃えて体裁を整える方法を学びます。

「やってみよう！7」の文書を次のように修正しましょう。

完成例

```
                                          平成〇〇年3月2日←
                                                    ┐
                                              [右揃え]
  第4地区町会会員各位←
  ←
                                       富士見町会　会長←
                                           髙嵜幸次郎←
                                              [右揃え]
  ←
                      春のバスツアーのご案内←  [中央揃え]
  ←
  少しずつ暖かくなってきました。今年も恒例の「お花見バスツアー」を実施い
  たします。家族皆様お誘いあわせの上ご参加いただきますよう、心よりお待ち
  申し上げております。←
  なお、ご参加申し込みにつきましては、3月15日までに会計係飯田まで、参
  加費用を添えてお申し込みいただきますようお願い申し上げます。←
  ←
  実施日　4月5日　AM7：30　第4地区集会所前に集合←
  会費　　大人1人￥4,500　（中学生以下は￥1,800）←
  コース　集会所出発→花山公園（園内散策）→桃源郷（和食処・昼食）←
  ←
  ※バス・お食事の予約の都合上、4月に入りましてのキャンセルは会費の返還
  ができませんので、ご了承ください。←
  ←                                            [右揃え]
                                        今年度旅行幹事←
                                            柴田　恭子←
```

ファイル名 例題06

PART 3 Lesson 5 文字の位置を揃える

1 ▶▶ 右揃え

まず,「平成○○年3月2日」を右揃えにしてみましょう。

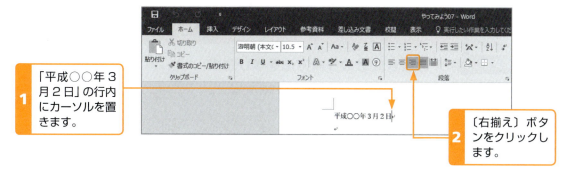

カーソルは,同じ行内であればどの場所に置いてもかまいません。

そのほかの箇所についても同様に右揃えにします。「富士見町会　会長」と「髙嵜幸次郎」は,2行分をまとめて範囲指定して揃えましょう。

複数行の範囲指定　P.33

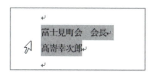

2 ▶▶ 中央揃え

「春のバスツアーのご案内」を中央揃えにしましょう。

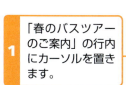

ワンポイント ▶▶ ショートカットキーをおぼえよう

本書では,主にマウスを使ってメニューやボタンから操作を行う方法を紹介していますが,よく利用される操作は,複数のキーの組み合わせ(ショートカットキー)でも行えます。Wordに慣れてきたら使ってみましょう。ここでは,代表的なショートカットキーを4つ紹介します。

コピー	Ctrl キー + C キー	切り取り	Ctrl キー + X キー
貼り付け	Ctrl キー + V キー	元に戻す	Ctrl キー + Z キー

縦書き文書を作成する

学習のポイント ●縦書き文書の作成方法を学びます。

 次のような文書を作成・保存・印刷しましょう。

完成例

今年度エレベーターホール清掃および草刈担当

今年度の東団地の各棟エレベーターホール清掃、および団地内花壇と運動場の草刈作業を、左記のとおり実施いたします。よろしくお願いします。
なお、作業上必要な道具につきましては、各棟一階の清掃用具入れにあります。
また、作業上必要な消耗品は、各棟自治会館長宅にて作業当日お渡しいたします。

作業当番
 四・五月　　一階　　一号室から五号室
 六・七月　　二階　　一号室から五号室
 八・九月　　三階　　一号室から五号室
 十・十一月　一階　　六号室から十号室
 十二・一月　二階　　六号室から十号室
 二・三月　　三階　　六号室から十号室

集合日時
 毎月第二土曜日　午前九時

集合場所
 各棟一階玄関前

作業内容
 エレベーターホール清掃　掃き掃除および洗浄
 花壇草刈　花壇の周りの雑草取り
 運動場草刈　各棟担当札のある場所の雑草取り

旭丘団地自治会　会長　高田　稔

ファイル名 例題07

ページ設定
用紙サイズ　A4　　印刷の向き　横　　余白　上・下　40mm　左・右　40mm
文字数　　　37　　行数　　　　33

PART 3　Lesson 6　縦書き文書を作成する

1 ▶▶ 縦書き文書の作成

Wordでは通常，文書は横書きになります。縦書き文書を作成するには〔ページ設定〕ダイアログボックスで設定します。

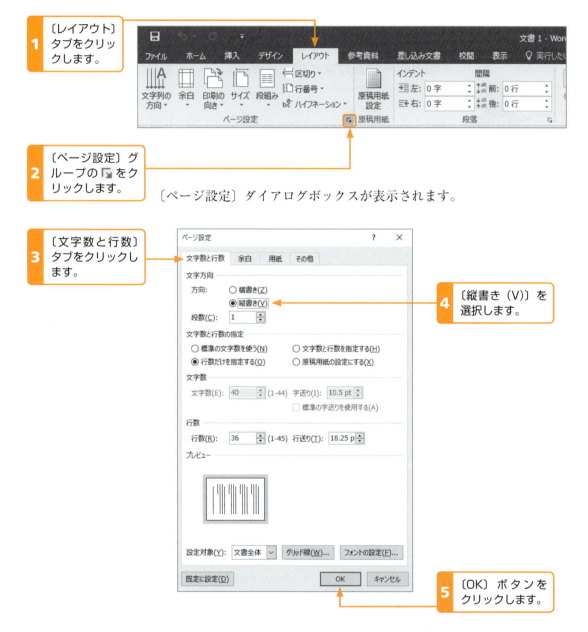

1. 〔レイアウト〕タブをクリックします。
2. 〔ページ設定〕グループの をクリックします。

〔ページ設定〕ダイアログボックスが表示されます。

3. 〔文字数と行数〕タブをクリックします。
4. 〔縦書き（V）〕を選択します。
5. 〔OK〕ボタンをクリックします。

　これで文書が縦書きになるので，用紙サイズ，余白，文字数と行数の設定を行ってから，文字を入力しましょう。
　なお，〔レイアウト〕タブ→〔ページ設定〕グループの 〔文字列の方向〕ボタン→〔縦書き〕をクリックしても，縦書きに設定することができます。

Lesson 7 文字装飾をマスターする

学習のポイント
- 文字のフォントやフォントサイズの変更方法を学びます。
- 囲み線や網かけなどの文字装飾について学びます。

「例題6」の文書に次のような装飾をしましょう。

完成例

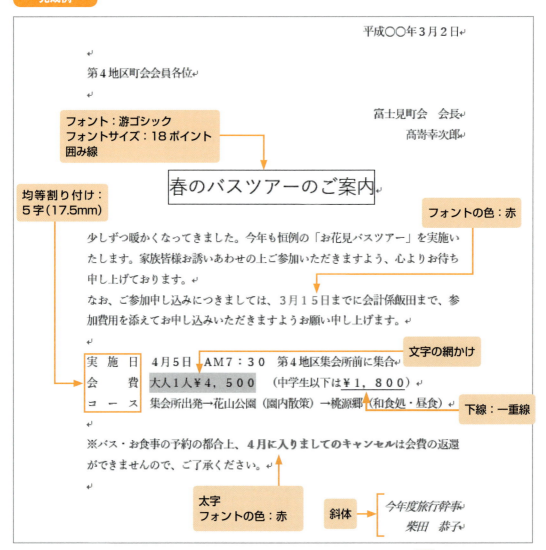

ファイル名：例題08

PART 3　Lesson 7　文字装飾をマスターする

1 ▶▶ 書式設定の機能

通常は，〔ホーム〕タブの〔フォント〕グループや〔段落〕グループにある各コマンドボタンを利用して，フォントの変更や文字の装飾を行います。各コマンドボタンの名称と機能は，以下のようになっています。

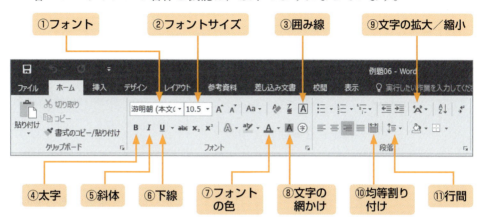

ボタン名	機能	使用例
① フォント	文字の種類を変えます	**あいう**
② フォントサイズ	文字の大きさを変えます	あいう
③ 囲み線	文字に囲み枠をつけます	あいう
④ 太字	文字を太くします	**あいう**
⑤ 斜体	文字を斜めにします	*あいう*
⑥ 下線	文字に下線をつけます	あいう
⑦ フォントの色	文字の色を変えます	あいう
⑧ 文字の網かけ	文字に網をかけます	あいう
⑨ 文字の拡大／縮小	文字の幅を変えます	あ い う
⑩ 均等割り付け	指定した幅に合わせて文字を配置します	あ　い　う
⑪ 行間	指定した行の行間を変えます	あいう あいう

2 ▶▶ 文字の装飾

例題の文章を装飾しましょう。フォントの設定を例に紹介します。

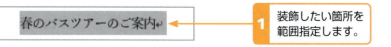

1 装飾したい箇所を範囲指定します。

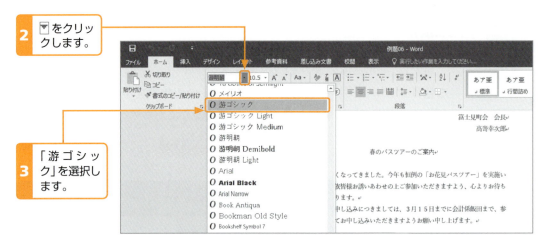

指定した範囲の文字のフォントが「游ゴシック」に変わります。同じようにして，フォントサイズも「18」ポイントに変更してください。

文字の装飾は，①範囲指定，②ボタンをクリック，③選択肢があるときは選択，という手順で行います。ほかの箇所も変更しましょう。

＊均等割り付けを設定する場合は，範囲指定の際に ↵（改行記号）を含まないようにします。

やってみよう！9 ▶▶ 文字を装飾する

「やってみよう！8」の文書に次のような装飾をしましょう。

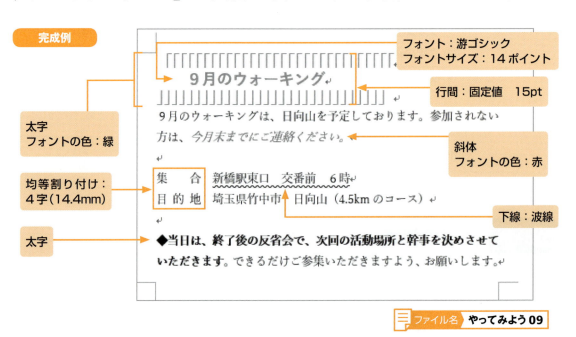

ファイル名 やってみよう09

PART 3　Lesson 7 文字装飾をマスターする

やってみよう！10 ▶▶ 縦書きの文書を装飾する

「例題7」の文書を次のように修正して装飾しましょう。

完成例

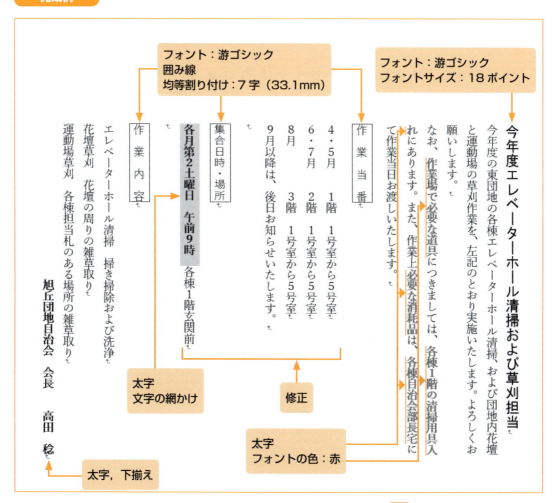

ファイル名　やってみよう10

ページ設定

| 用紙サイズ | A4 | 印刷の向き | 横 | 余白 | 上・下 35mm　左・右 30mm |
| 文字数 | 40 | 行数 | 27 | | |

＊ページ設定は，文字を入力する前に行いましょう。指定のない文字のフォントサイズは，14ポイントに設定しましょう。

やってみよう！11 ▶▶ はがきの文書を装飾する

次のような文書を作成して保存・印刷しましょう。

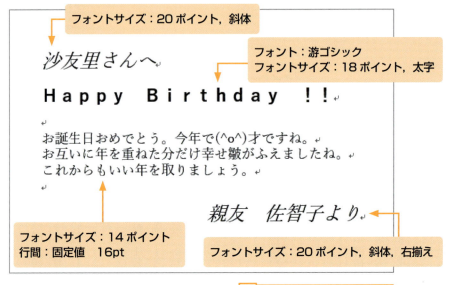

ページ設定					
用紙サイズ	はがき	印刷の向き	横	余白 上・下 15mm	左・右 15mm
文字数	31	行数	11		

＊ページ設定は，文字を入力する前に行いましょう。

● 行間はフォントサイズ（ポイント：pt）単位で指定できます。

① 行間を設定する範囲を指定します。
② 〔ホーム〕タブ→〔段落〕グループの〔行間〕ボタン→〔行間のオプション〕をクリックします。
③ 〔段落〕ダイアログボックスが表示されるので，〔インデントと行間隔〕タブをクリックし，〔間隔〕の中の〔行間（N）〕を「固定値」に，〔間隔（A）〕を「16pt」に設定し，〔OK〕ボタンをクリックします。

Lesson 8 Wordを使った文書作成のコツ

学習のポイント
- 箇条書きや段落番号の利用方法を学びます。
- 文字間隔の変更のしかたを学びます。
- オートフォーマット（自動書式設定機能）について学びます。
- インデントの利用方法を学びます。
- 行間の調整のしかたを学びます。
- ヘッダーとフッターの利用方法を学びます。

次のような文書を作成・保存・印刷しましょう。

完成例

```
第50回　秋の大運動会実施要綱
1．日時場所
　（ア）最終打ち合わせ
　　　①　日時　10月1日　午後7時から
　　　②　場所　第六小学校会議室（借用許可済み）
　（イ）当日
　　　①　日時　10月11日　役員は午前7時集合　競技開始：午前9時
　　　②　場所　第六小学校校庭（雨天は体育館で午後1時から開始）
2．競技内容
　（ア）個人種目（対象者）
　　　①　50m走　　（中学生以上女性）
　　　②　100m走　（中学生以上男性）
　　　③　1000m走　（中学生以上男女）
　　　④　パン食い競走（小学生　1・2・3年生）
　（イ）団体種目（地区対抗）
　　　①　ムカデ競走
　　　②　騎馬戦
　　　③　綱取り
　　　④　大綱引き
　（ウ）民舞等
　　　①　西滝町民謡同好会　花笠音頭ほか
　　　②　大樽町千寿会　太極拳
3．予算　総額　50万円
　（ア）参加者弁当代　30万円
　（イ）競技用備品・消耗品費　15万円
　　　①　大綱　10万円
　　　②　パン　3万円
　　　③　スタートピストル等　2万円
　（ウ）会場使用にともなう費用　3万円
　（エ）予備費　2万円
4．当日必要な係・人数
　（ア）本部　5名
　（イ）競技参加者招集　6名
　（ウ）競技判定　5名
　（エ）放送・司会　4名
　（オ）道具管理　8名
　（カ）救護　3名
```

ページ設定

用紙サイズ	A4
印刷の向き	縦
余白	
上・下	30mm
左・右	30mm
文字数	40
行数	38

＊ページ設定は，文字を入力する前に行いましょう。フォントサイズの設定は，適宜行いましょう。

ファイル名　例題09

1 ▶▶ 箇条書きと段落番号

　行頭に「1.」や「・」などの番号や記号を付けて文を入力すると，改行したとき，次の行頭に「2.」や「・」が自動で入力されます。これは，Wordのもつ箇条書き・段落番号機能がはたらくためです。ここでは，その活用方法について学んでいきます。

① 「1．日時場所」と入力後，Enter キーを押します。すると，段落番号機能がはたらいて，次の行頭に「2．」と入力されるので，続けて「競技内容」，「3．」には「予算　総額　５０万円」，「4．」には「当日必要な係・人数」と入力します。

```
1．日時場所
2．
```

② 「1．日時場所」の後ろにカーソルを置いて Enter キーを押すと，次の行に「2．」が表示されます。

```
1．日時場所
2．
3．競技内容
4．予算　総額　５０万円
5．当日必要な係・人数
```

参照
インデントの利用
……………P.79

③　この状態で〔ホーム〕タブ→〔段落〕グループの 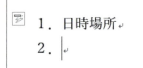 〔インデントを増やす〕ボタンをクリックすると，段落のレベルが１つ下がって「(ア)」に置き換えられます。

```
1．日時場所
　(ア)
2．競技内容
3．予算　総額　５０万円
4．当日必要な係・人数
```

④ 「(ア)」に続けて「最終打ち合わせ」と入力します。Enter キーを押すと「(イ)」が表示されるので，「当日」も同様に入力しましょう。

```
1．日時場所
　(ア)最終打ち合わせ
　(イ)
2．競技内容
3．予算　総額　５０万円
4．当日必要な係・人数
```

⑤ 「(ア)　最終～」の行の最後にカーソルを置いて Enter キーを押すと「(イ)」が表示されます。〔インデントを増やす〕ボタンを押すとさらにレベルが１つ下がり，「①」に変わります。以下，同じ方法で入力していきます。

```
1．日時場所
　(ア)最終打ち合わせ
　　①
　(イ)当日
2．競技内容
3．予算　総額　５０万円
```

レベルを下げすぎた場合には，〔インデントを減らす〕ボタンで戻すことができます。

ワンポイント▶▶ 段落番号／箇条書き記号を変更する

この例題では，初期設定のままの段落番号や箇条書き記号を使いましたが，入力される文字や記号を変更することもできます。変更のしかたは，以下のとおりです。

① 段落番号や箇条書き記号をつけたい行にカーソルを置いて，〔ホーム〕タブ→〔段落〕グループの〔箇条書き〕ボタンまたは〔段落番号〕ボタンの▼をクリックします。
② 表示されたリストから，使用したいものをクリックします。
※ ポイントする（マウスポインタを各記号に合わせる）だけで，プレビューを確認できます。

例題 10 「やってみよう！9」の文書を次のように編集しましょう。

完成例

```
９月のウォーキング

９月のウォーキングは、日向山を予定しております。参加されない
方は、今月末までにご連絡ください。

集　　合　　新橋駅東口　交番前　６時
目 的 地　　埼玉県竹中市　日向山（4.5kmのコース）

◆当日は、ウォーキング終了後の反省会で、次回の活動場所と幹事を決め
させていただきます。できるだけご参集いただきますよう、お願いします。
```

文字を挿入　　文字間隔を変更

ファイル名　例題10

2 ▶▶ 文字間隔の変更

　何も設定せずに文字を挿入すると，次のように「◆当日は～」の文が３行になり，次のページにはみ出します。

```
◆当日は、ウォーキング終了後の反省会で、次回の活動場所と幹事
を決めさせていただきます。できるだけご参集いただきますよう、

お願いします。
```

全体的に文字の間隔を狭くして，２行に収めてみましょう。

PART 3 Lesson 8 Wordを使った文書作成のコツ

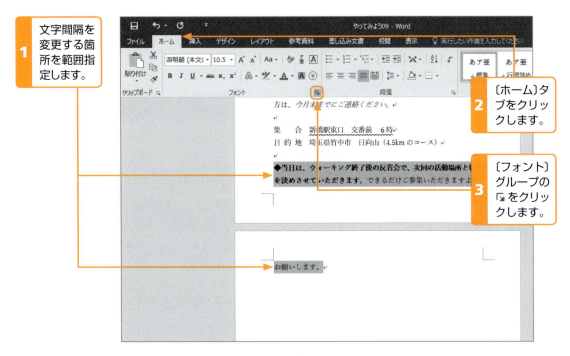

〔フォント〕ダイアログボックスが表示されます。

文字間隔が狭くなり、2行に収まります。

例題 11 次のような文書を作成・保存しましょう。

完成例

あいさつ文

拝啓　晩秋の候、ますます御健勝のこととお慶び申し上げます。日頃は大変お世話になっております。

先日は、遠いところまた足下の悪いなかお越しいただき、誠にありがとうございました。本来ならこちらからうかがうところを、お借りする資料までお持ちいただきまして、ありがとうございます。貴重な資料が無駄にならぬよう、このたびの『創立５０周年記念式典プロジェクト』を成功させるようがんばります。今後とも、ご指導ご鞭撻よろしくお願いいたします。なお、お借りした資料につきましては、１２月中旬に返却にうかがわせていただきます。よろしくお願いいたします。

敬具

オートフォーマット

お借りした資料
- 創立３０周年記念誌
- 創立４０周年記念誌
- 創立時役員一覧表
- ４０周年記念式典参加者名簿

各資料一冊

箇条書き

ファイル名 例題11

ページ設定

用紙サイズ	B5	印刷の向き	縦	余白 上・下 25mm	左・右 30mm	
文字数	32	行数	32			

3 ▶▶ オートフォーマットとあいさつ文

　手紙や社内文書を作成する際，「拝啓・敬具」「前略・草々」「記・以上」のように，決まった書式が使われます。Wordでは，このような定型の書式を自動的に入力することができます。この自動書式設定の機能はオートフォーマットと呼ばれています。また，〔挨拶文〕ボタンを利用すると，季節にふさわしい時候のあいさつを簡単に入力することができます。

PART 3　Lesson 8　Wordを使った文書作成のコツ

① 「拝啓」と入力して スペース キーを押すと，改行と「敬具」が自動的に入力されます。

② 〔挿入〕タブ→〔テキスト〕グループの〔あいさつ文〕ボタン→〔あいさつ文の挿入（G）〕をクリックすると，あいさつ文の選択画面が表示されます。

③ 「月」を設定すると，それに合った時候のあいさつ文が表示されるので，〔月のあいさつ（G）〕〔安否のあいさつ（S）〕〔感謝のあいさつ（A）〕をそれぞれ選択し，〔OK〕ボタンをクリックします。

④ 選択したあいさつ文が入力されます。

参照
箇条書き ……… P.72

⑤ 「●　創立30周年～」から「●　40周年記念～」までは，「箇条書き」の機能を使って入力します。

　なお，この例題で使用したオートフォーマットの機能は「拝啓・敬具」と「箇条書き」（これもオートフォーマットに含まれる）です。このほかにも「かっこを正しく組み合わせる」機能などがあります。

例題12 「例題8」の文書で，次のように行の始まりと終わりの左右インデントを調整しましょう。

完成例

平成〇〇年3月2日

第4地区町会会員各位

富士見町会　会長
髙嵜幸次郎

　　　　　春のバスツアーのご案内

1行目のインデント

　少しずつ暖かくなってきました。今年も恒例の「お花見バスツアー」を実施いたします。家族皆様お誘いあわせの上ご参加いただきますよう、心よりお待ち申し上げております。

　なお、ご参加申し込みにつきましては、3月15日までに会計係飯田まで、参加費用を添えてお申し込みいただきますようお願い申し上げます。

実　施　日　4月5日　AM7:30　第4地区集会所前に集合
会　　　費　大人1人¥4,500　（中学生以下は¥1,800）
コ　ー　ス　集会所出発→花山公園（園内散策）→桃源郷（和食処・昼食）

　※バス・お食事の予約の都合上、4月に入りましてのキャンセルは会費の返還ができませんので、ご了承ください。

左インデント　　　　　　　　　　　　　　　　　　　　　**右インデント**

今年度旅行幹事
柴田　恭子

ファイル名　例題12

4 ▶▶ インデントの利用

　行の始まりと終わりの位置を調整することを，Wordでは**インデント**といいます。文書の見栄えをよくするために重要な機能なので，ぜひ使い方をマスターしましょう。

　インデントの調整方法はいくつかありますが，ここでは画面上部の**水平ルーラー**を使うやり方を紹介します。水平ルーラーには，文字数のほかに次のような**インデントマーカー**が表示されています。インデントの調整は，これらのマーカーを使って行います。

　＊ルーラーが表示されていない場合は，〔表示〕タブの〔表示〕グループの〔ルーラー〕にチェックをつけます。

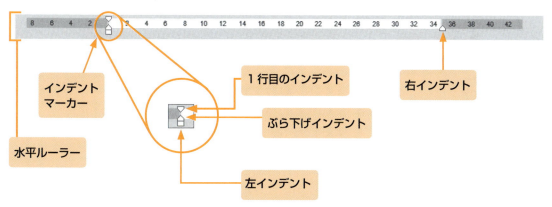

最初に，段落の文頭「少しずつ～」「なお、～」を1字下げましょう。

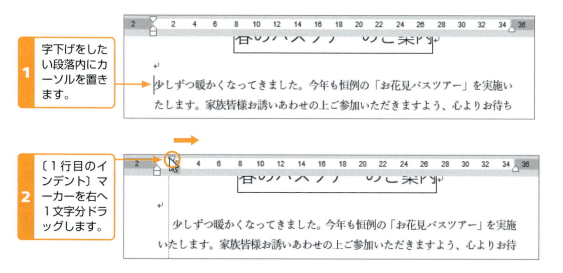

1　字下げをしたい段落内にカーソルを置きます。

2　〔1行目のインデント〕マーカーを右へ1文字分ドラッグします。

「なお、～」についても同様に1字下げます。

次に,「※ バス・お食事の〜」の左右を2文字分ずつ狭くし,2行目の開始位置をさらに1文字分右へずらしましょう。

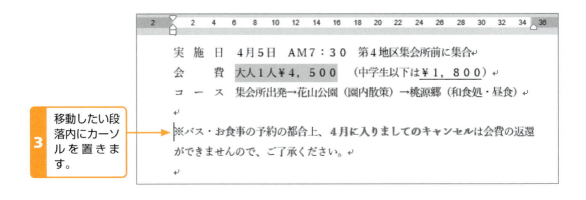

3 移動したい段落内にカーソルを置きます。

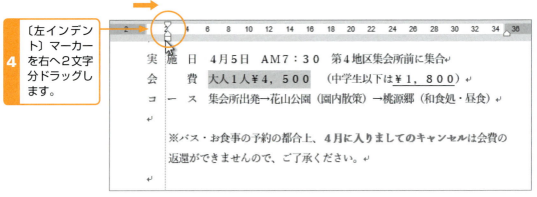

4 〔左インデント〕マーカーを右へ2文字分ドラッグします。

「※ バス・お食事の〜」の開始位置が右へずれます。

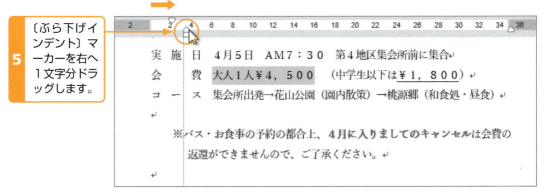

5 〔ぶら下げインデント〕マーカーを右へ1文字分ドラッグします。

「※ バス・お食事の〜」の2行目の開始位置がさらに右へずれます。

PART 3 Lesson 8 Wordを使った文書作成のコツ

6 〔右インデント〕マーカーを左へ2文字分ドラッグします。

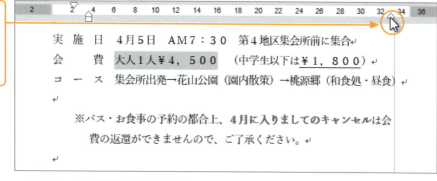

インデントが調整されました。

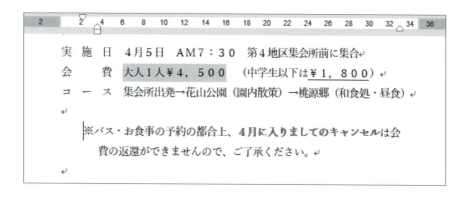

目次を挿入する

　長い文書の場合，目次を作成して文書の構成を決めておくと便利です。目次を作成する手順は次のようになります。

① 　文書内の見出しを選択し，〔ホーム〕タブ→〔スタイル〕グループで，大見出しは〔見出し1〕，中見出しは〔見出し2〕というように，見出しのレベルを設定します。この作業を目次にのせたい見出しのすべてについて行います。

② 　目次を挿入したい場所にカーソルを置いて，〔参考資料〕タブの〔目次〕ボタンをクリックします。

③ 　表示されたサンプルから，適当なものを選択すると，カーソルを置いたところに目次が挿入されます。なお，ここで〔ユーザー設定の目次〕を選択すると，ダイアログボックスが開いて，さらに細かな設定ができます。

＊目次を作成したあとに文書を更新した場合は，〔参考文書〕タブ→〔目次の更新〕ボタンか，目次をクリックすると左上に表示される〔目次の更新〕ボタンをクリックし，更新内容を選択して，〔OK〕をクリックします。

例題 13 「例題12」の文書を次のように編集しましょう。

完成例

平成〇〇年3月2日

第4地区町会会員各位

　　　　　　　　　　　　　　　　　富士見町会　会長
　　　　　　　　　　　　　　　　　　　　髙嵜幸次郎

春のバスツアーのご案内

　少しずつ暖かくなってきました。今年も恒例の「お花見バスツアー」を実施いたします。家族皆様お誘いあわせの上ご参加いただきますよう、心よりお待ち申し上げております。

　なお、ご参加申し込みにつきましては、3月15日までに会計係飯田まで、参加費用を添えてお申し込みいただきますようお願い申し上げます。

実　施　日　4月5日　AM7：30　第4地区集会所前に集合
会　　　費　大人1人￥4,500　（中学生以下は￥1,800）
コ　ー　ス　集会所出発→花山公園（園内散策）→桃源郷（和食処・昼食）

（↑ 行間：1.5行）

　※バス・お食事の予約の都合上、4月に入りましてのキャンセルは会
　　費の返還ができませんので、ご了承ください。

　　　　　　　　　　　　　　　　　　　　今年度旅行幹事
　　　　　　　　　　　　　　　　　　　　　柴田　恭子

ファイル名：例題13

5 ▶▶ 行間の調整（段落）

行間は，通常はページ設定の内容に合わせて自動で設定されています。Wordでは，特定の箇所の行間を広くしたり狭くしたりして，文書をより見やすく編集することができます。

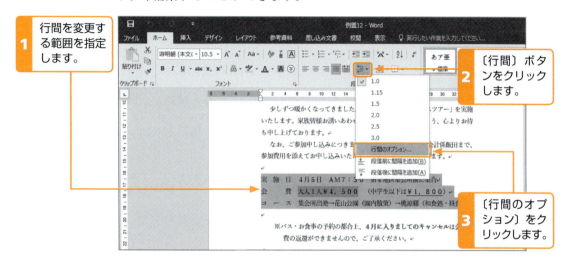

〔段落〕ダイアログボックスが表示されます。

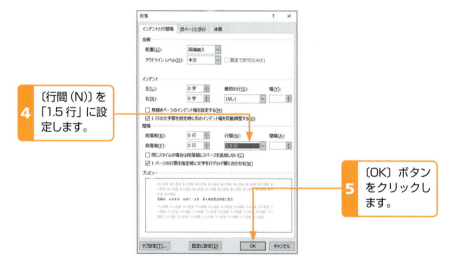

行間が1.5行分に広がります。

＊行間の調整は，行単位ではなく段落単位で行われます。

 **段落番号や箇条書き記号をオフにする**

〔ホーム〕タブ→〔段落〕グループの 〔段落番号〕ボタンと 〔箇条書き〕ボタンで，機能のオン・オフが設定できます。機能がはたらいていると，ボタンに色がつきます。ボタンをクリックするとオフになり，番号や記号を解除できます。

例題 14

「やってみよう！6」の文書に次のようなヘッダーとフッターをつけて保存・印刷しましょう。

完成例

C:¥Users¥技術評論社¥Documents¥例題14.docx ← ヘッダー

　管理者なきネットワーク、インターネット（The Internet）。それは、国境を越えたコミュニケーションを手軽なものにした。それと同時に、インターネットを利用した犯罪が問題となっている。顔の見えない相手とのコミュニケーションが、インターネットでのコミュニケーションだといっても過言ではない。個人が特定されないようニックネームを利用したコミュニケーション。個人情報の大切さを再確認しなければならない。ホームページなどでも、個人の特定が可能な写真や情報を掲示しているものもあり、注意が必要だ。自宅にいながら多くの人とのコミュニケーションからさまざまな商品の購入まで可能だが、その危険性について常に念頭においた利用が、インターネットでは大切なことである。

齋藤正生
p. 1
標準テキストより ← フッター

ファイル名　例題 14

ページ設定（ヘッダーとフッター）

ヘッダー　23mm　　　　フッター　20mm
・ファイル名（パス付き）　・作成者（〔ファイル〕タブ→〔情報〕→〔プロパティ〕
　　　　　　　　　　　　　　→〔詳細プロパティ〕で変更が可能）
　　　　　　　　　　　　・「標準テキストより」と文字入力

＊ファイル名を「例題14」に変更して保存してから作業を行い，上書き保存します。

PART 3　Lesson 8　Wordを使った文書作成のコツ

6 ▶▶ ヘッダーとフッターの利用

　作成した文書の上下の余白に，ページ数やファイル名，作成者名などの情報を表示させることができます。上に挿入されるものをヘッダー，下に挿入されるものをフッターと呼びます。これを設定しておくと，文書の整理のときも便利です。
　まず，用紙にヘッダーとフッターの入る位置を設定します。〔挿入〕タブ→〔ヘッダーとフッター〕グループの〔ヘッダー〕ボタン→〔ヘッダーの編集（E）〕をクリックします。

1　□〔上からのヘッダー位置〕の値を「23mm」，□〔下からのフッター位置〕の値を「20mm」に設定します。

次に，ヘッダーの内容を設定します。

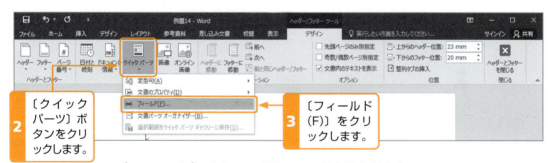

2　〔クイックパーツ〕ボタンをクリックします。

3　〔フィールド（F）〕をクリックします。

〔フィールド〕ダイアログボックスが表示されます。

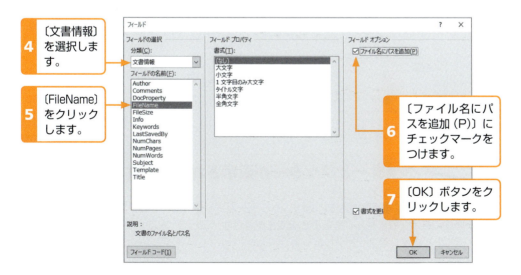

4　〔文書情報〕を選択します。

5　〔FileName〕をクリックします。

6　〔ファイル名にパスを追加（P）〕にチェックマークをつけます。

7　〔OK〕ボタンをクリックします。

85

ヘッダーにファイル名とパス名（保存先のドライブ名やフォルダ名など経路のこと）が表示されます。今度は，フッターを設定しましょう。

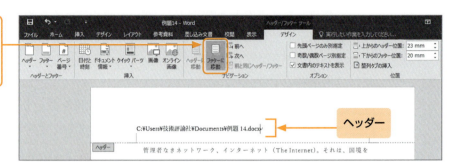

作成者名が表示されるので，□キーを押して確定します。

改行して，〔ヘッダーとフッター〕グループの〔ページ番号〕ボタン→〔現在の位置（C）〕→〔ページ番号1〕をクリックします。

さらに改行して「標準テキストより」と文字入力し，〔閉じる〕グループの〔ヘッダーとフッターを閉じる〕ボタンをクリックします。

※「作成者」は，〔ファイル〕タブ→〔情報〕をクリックすると表示される〔プロパティ〕の〔作成者〕欄にある名前が表示されます。

ワンポイント ▶▶ ヘッダーとフッターが表示されないときは

Wordの画面には，5通りの表示形式があります。ヘッダーとフッターは，このうちの「印刷レイアウト」表示でしか画面に表示されません。表示形式を変えた場合は，〔表示〕タブ→〔文書の表示〕グループ→〔印刷レイアウト〕ボタンをクリックしましょう。

やってみよう！12 ▶▶ 段落番号のある文書

段落番号の機能を使って，次の文書を作成しましょう。

完成例

```
地区活動誌作成について
 １．作成目的
 （ア）地区活動の活性化
 （イ）地区年間行事の見直し
 （ウ）地区活動への参加者増加
 ２．発行期間・ページだて
 （ア）定期発行分　毎月第１・第３日曜日
     ①　第１日曜日　Ａ４版　６ページ
     ②　第３日曜日　Ａ４版　４ページ
 （イ）季節発行分　４月・７月・１２月
     ①　４月発行分　新年度授業計画号
     ②　７月発行分　夏休みイベント号
     ③　１２月発行分　年末防犯対策号
 ３．編集人員
 （ア）原稿作成　１５名
 （イ）印刷対応　５名
 （ウ）配布・発送　２０名
 ４．必要予算（前年資料より計算・年間）
 （ア）取材費　￥600,000
 （イ）印刷費　￥1,200,000
 （ウ）発送費　￥450,000
         合計　￥2,250,000
```

ファイル名　**やってみよう12**

ページ設定

用紙サイズ　A4　　印刷の向き　縦　　余白　上 35mm　下 30mm　左・右 30mm
文字数　40　　行数　36

＊フォントやフォントサイズの設定は，完成例を参考に適宜行いましょう。

やってみよう! 13 ▶▶ ヘッダーとフッターのある文書

次のようなヘッダーとフッターをつけた文書を作成して，保存・印刷しましょう。

完成例

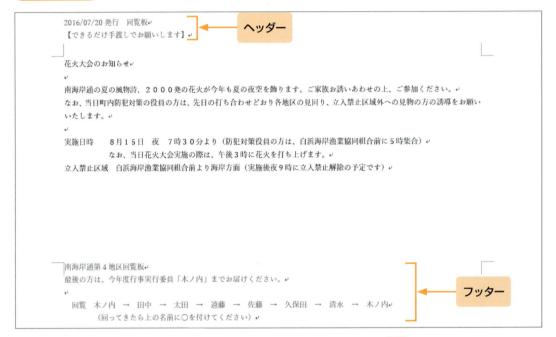

ファイル名　やってみよう13

ページ設定

用紙サイズ　A4　　印刷の向き　横　　余白　上・下　55mm　左・右　44mm
文字数　　　56　　行数　　　　15
ヘッダー　35mm
・日付　・（文字入力）　発行　回覧板　【できるだけ手渡しでお願いします】
フッター　25mm
・（文字入力）　南海岸通第4地区回覧板
最後の方は、今年度行事実行委員「木ノ内」までお届けください。
回覧　木ノ内　→　田中　→　太田　→　遠藤　→　佐藤　→　久保田　→　清水　→　木ノ内
　　　（回ってきたら上の名前に○を付けてください）

PART 3 Lesson 8 Word を使った文書作成のコツ

やってみよう！14 ▶▶ PART 3 のまとめ 1

次のような文書を作成して，保存・印刷しましょう。また，ページ設定を変更してみましょう。

完成例

　いつもチクタク動いている、学校にある大きな時計。ゼンマイを毎朝キチンと同じ時間に巻いている。毎時間、大きな音で時を告げている。しかし誰がこの時計のゼンマイを巻いてくれているのだろう。どうしても知りたくて朝早く学校へ登校してみた。すると、教頭の相守先生が朝一番に学校へ来て巻いていたのだった。

　話に聞くと相守教頭先生とこの時計は、同じ年にこの学校へ着任したそうだ。そしてこの前、相守教頭先生の離任式が行われた。毎朝キチンとゼンマイを巻いてくれる人はこの３月で次の学校へと異動していく。誰がこれからこの時計のゼンマイを巻くのだろう。心配をしているとその着任式に金色に光るあのゼンマイを校長先生が長いクサリとともに首から提げているではないか。これからも大きな時計は、毎時間私たちに時を知らせてくれるだろう。

ファイル名　やってみよう 14

ページ設定

| 用紙サイズ | A4 | 印刷の向き | 縦 | 余白 上 35mm　下 30mm　左・右 30mm |
| 文字数 | 40 | 行数 | 36 | |

変更後のページ設定

| 用紙サイズ | B5 | 印刷の向き | 縦 | 余白 上・下 35mm　左・右 30mm |
| 文字数 | 50 | 行数 | 18 | 文字方向 縦書き |

完成例　ファイル名　やってみよう 14 変更後

● 文字方向を縦書きに設定すると印刷の向きが「横」になってしまうので，縦に直す必要があります。このようなことからも，ページ設定は入力前に行う方が作業しやすいでしょう。

やってみよう！15　PART 3 のまとめ 2

次のような文書を作成して，保存・印刷しましょう。

完成例

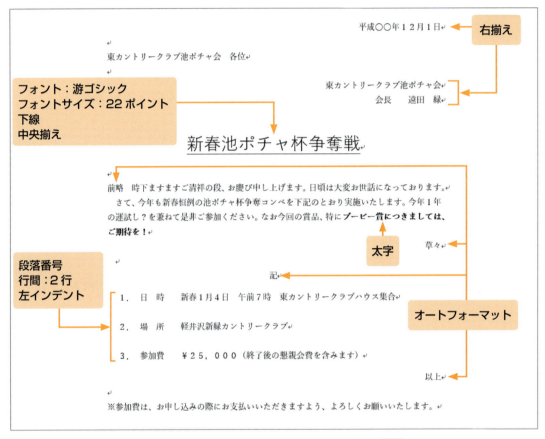

ページ設定

用紙サイズ	A4	印刷の向き	縦	余白	上・下	30mm	左・右	30mm
文字数	40	行数	37					

＊ページ設定は，文字を入力する前に行いましょう。

PART 3　Lesson 8 Wordを使った文書作成のコツ

やってみよう！16 ▶▶ PART 3 のまとめ 3

次のような文書を作成して，保存・印刷しましょう。

完成例

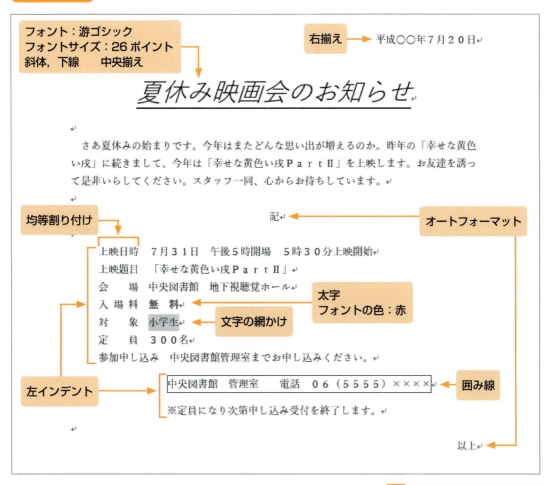

ファイル名　やってみよう16

ページ設定					
用紙サイズ	A4	印刷の向き	縦	余白	上・下 35mm　左・右 30mm
文字数	40	行数	35		

＊ページ設定は，文字を入力する前に行いましょう。

やってみよう！17 ▶▶ PART 3 のまとめ 4

次のような文書を作成して，保存・印刷しましょう。

ページ設定							
用紙サイズ	はがき	印刷の向き	縦	余白	上・下 15mm	左・右	15mm
文字数	20	行数	18				

＊ページ設定は，文字を入力する前に行いましょう。

PART 3　Lesson 8 Wordを使った文書作成のコツ

やってみよう！18 ▶▶ PART 3のまとめ 5

次のような文書を作成して，保存・印刷しましょう。

完成例

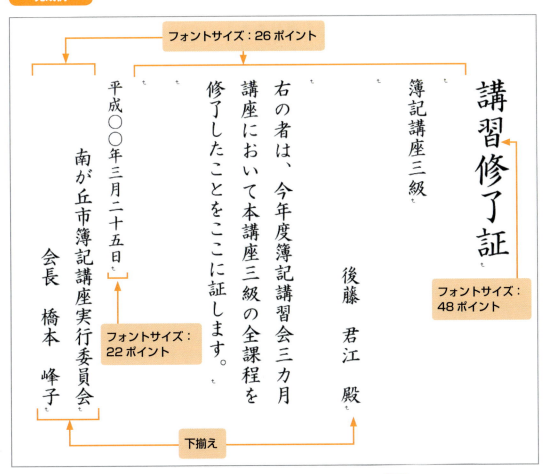

ファイル名　やってみよう18

ページ設定

用紙サイズ	A4	印刷の向き	横	余白 上・下 30mm 左・右 30mm
文字数	40	行数	30	文字方向　縦書き

＊ページ設定は，文字を入力する前に行いましょう。

やってみよう！19 ▶▶ PART 3 のまとめ 6

次のような文書を作成して，保存・印刷しましょう。

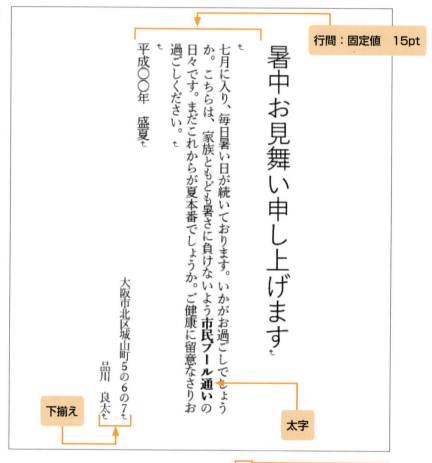

ページ設定

用紙サイズ	はがき	印刷の向き	縦	余白	上・下 15mm　左・右 15mm
文字数	35	行数	11	文字方向	縦書き

＊ページ設定は，文字を入力する前に行いましょう。フォントやフォントサイズの設定は，完成例を参考に適宜行いましょう。

PART 4

表や罫線, 図形を利用しよう

▶▶ Lesson 1　文書の中に表を作成する

▶▶ Lesson 2　簡単な図形を作成する

Lesson 1 文書の中に表を作成する

学習のポイント
- 文書に表を作成する方法を学びます。
- 表の編集のしかたを学びます。

 次のような表のある文書を作成しましょう。

完成例

電話ご注文受付簿 ← フォント：游ゴシック／フォントサイズ：18ポイント／下線

お客様名　　　　　　様 ← フォントサイズ：16ポイント／下線

受注日	
お客様住所	
電話番号	
FAX	
緊急連絡先	
お受け取り希望日	
ご注文商品	
ご注文数量	
商品規格	

注文発注日	
入庫予定日	

フォントサイズ：20ポイント → 株式会社　仙台事務機器販売

住所　宮城県仙台市青葉区国分町１－１－２１
TEL　０２２－２２２－××××
FAX　０２２－２２２－○○○○
メールアドレス　info@sendai-jimu.jp

ファイル名　例題15

PART 4以降の問題について、ページ設定と文字設定の指示のないものは、完成例を参考に適宜設定しましょう。

PART 4 Lesson 1 文書の中に表を作成する

1 ▶▶ 表の挿入

まず,「電話ご注文受付簿」から「お客様名~様」までの部分を作成しておきます。

次に,表を作ります。

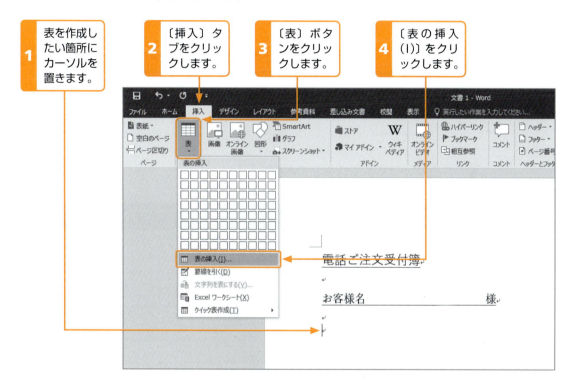

1 表を作成したい箇所にカーソルを置きます。
2 〔挿入〕タブをクリックします。
3 〔表〕ボタンをクリックします。
4 〔表の挿入(I)〕をクリックします。

〔表の挿入〕ダイアログボックスが表示されます。

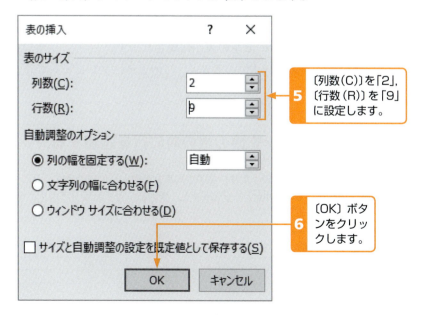

5 〔列数(C)〕を「2」,〔行数(R)〕を「9」に設定します。
6 〔OK〕ボタンをクリックします。

※Wordで作成する表は，「セル」という枠の集まりになっています。

2列×9行の**セル**（ます目）の表が作成されます。

7 それぞれのセルをクリックして，文字を入力します。

下の小さい表も作成してみましょう。

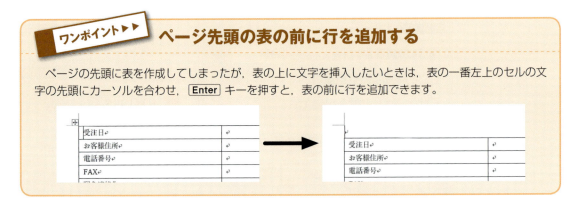

1 〔挿入〕タブをクリックします。

2 〔表〕ボタンをクリックします。

3 「2行×2列」の表になる箇所をクリックします。

2列×2行のセルの表が作成されます。

10列×8行までの表なら，このようにプレビューで確認しながら簡単に作成できます。

ワンポイント ▶▶ ページ先頭の表の前に行を追加する

ページの先頭に表を作成してしまったが，表の上に文字を挿入したいときは，表の一番左上のセルの文字の先頭にカーソルを合わせ，Enter キーを押すと，表の前に行を追加できます。

PART **4** Lesson 1 文書の中に表を作成する

例題 **16** 「例題15」の文書を次のように編集しましょう。

完成例

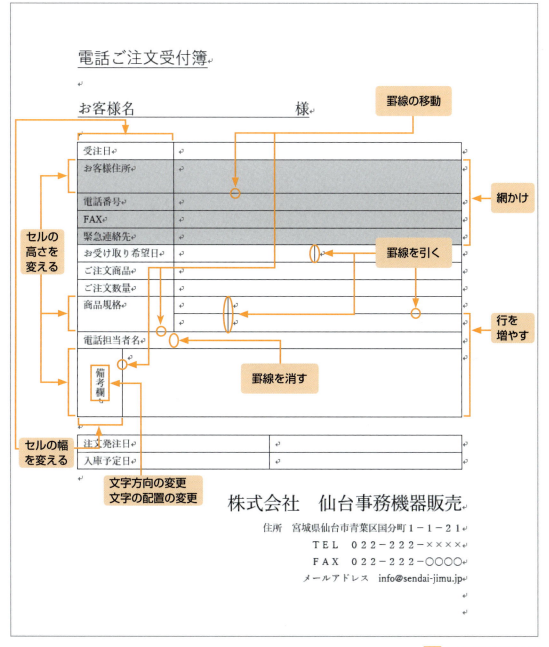

ファイル名 例題 **16**

2 ▸▸ 表の形や大きさ，色などの編集

（1）行の追加
① 上の表の右下のセルにカーソルを置きます。

ご注文商品		
ご注文数量		
商品規格		

② Tab キーを押すと行が1行増えます。

ご注文商品		
ご注文数量		
商品規格		

③ 同じようにして，もう1行増やしましょう。
④ 増えた2行にそれぞれ「電話担当者名」，「備考欄」と入力します。

ご注文商品		
ご注文数量		
商品規格		
電話担当者名		
備考欄		

（2）罫線の移動（幅の変更）
① 移動したい罫線の上にマウスポインタを当て，形状をにします。
② そのままドラッグし，罫線を移動します。
③ 罫線が移動し，セルの幅が変更できます。

＊「備考欄」のセルのように一部の罫線だけを移動させる場合は，まずそのセルの左端をポイントします。マウスポインタの形が ▟ に変わったらクリックし，セルを反転させます。その状態で罫線をドラッグすると，選択したセルの罫線だけを移動できます。

（3）罫線の移動（高さの変更）

① 移動したい罫線の上にマウスポインタを当て，形状を ⇳ にします。
② そのまま下へドラッグし，罫線を移動させます。

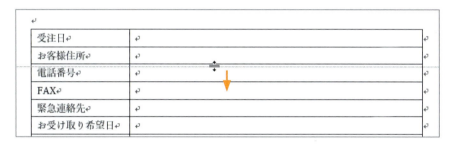

③ 罫線が移動し，セルの高さが変更できます。

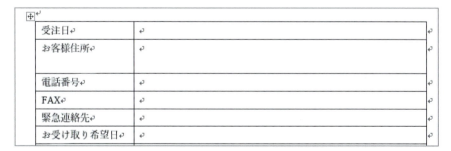

④ 同じようにして「商品規格」「備考欄」のセルの高さも変えましょう。

＊セル内で改行をすると段落記号が増えるので，それによってセルの高さを変更することもできます。

（4）罫線を引く

① 表内のいずれかのセルを選択し，〔レイアウト〕タブをクリックします。

② 〔罫線を引く〕ボタンをクリックすると，マウスポインタの形が ✎ に変わります。この状態で文書内をドラッグすると，罫線が引けます。

罫線は以下のように，縦にも横にも引くことができます。

※マウスポインタを元に戻すには，もう一度ボタンをクリックするか，Escキーを押します。

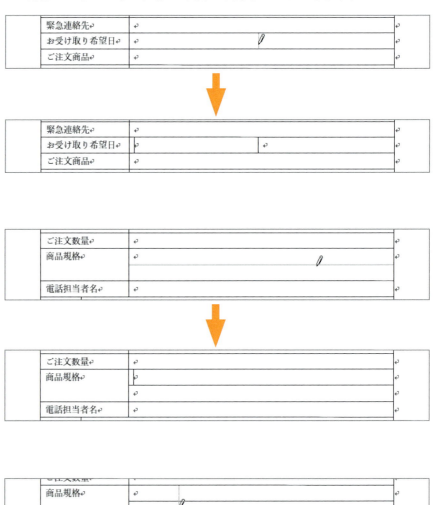

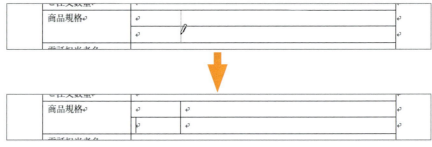

（5）罫線を消す

① 〔レイアウト〕タブの〔罫線の削除〕ボタンをクリックします。
② マウスポインタの形が ✐ に変わるので，そのまま消したい罫線をドラッグします。選択された罫線は太く表示され，マウスボタンを離すと消えます。

（6）セル内の文字方向（縦書き／横書き）を変更する

① 変更したいセル内の文字にカーソルを置きます。

② 〔レイアウト〕タブ→〔配置〕グループの 〔文字列の方向〕ボタンをクリックします。セル内の文字の方向が変わります。

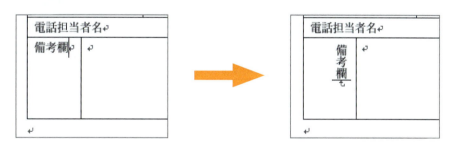

ワンポイント▶▶ さらに細かい表の編集方法

より細かく表を作成したい場合は，表の中で右クリックして，ショートカットメニューの〔表のプロパティ（R）〕や〔罫線のスタイル（B）〕，〔表ツール〕内の〔デザイン〕タブの各コマンドボタンを活用します。これらを使うと，線の種類や太さ，セルに色を塗るなどの設定ができます。また，〔レイアウト〕タブの〔罫線を引く〕ボタンをクリックして，表の内部や外側でドラッグすると，表にセルを追加することができます。

(7) 文字の配置を変更する

① 変更したいセル内の文字にカーソルを置きます。

② 〔レイアウト〕タブ→〔配置〕グループの ⊞ 〔中央揃え〕ボタンをクリックします。文字がセルの中央に配置されます。

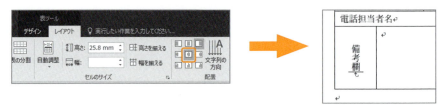

(8) セルに色をつける（塗りつぶす）

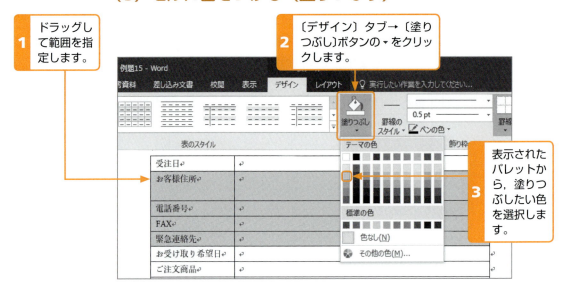

セルに色が塗られました。

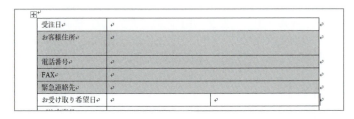

塗りつぶしを解除したい場合は，〔塗りつぶし〕ボタンで表示されたメニューから〔色なし(N)〕を選択します。

PART 4 Lesson 1 文書の中に表を作成する

やってみよう！20 ▶▶ 表のある文書 1

「例題 16」の文書を次のように編集しましょう。

完成例

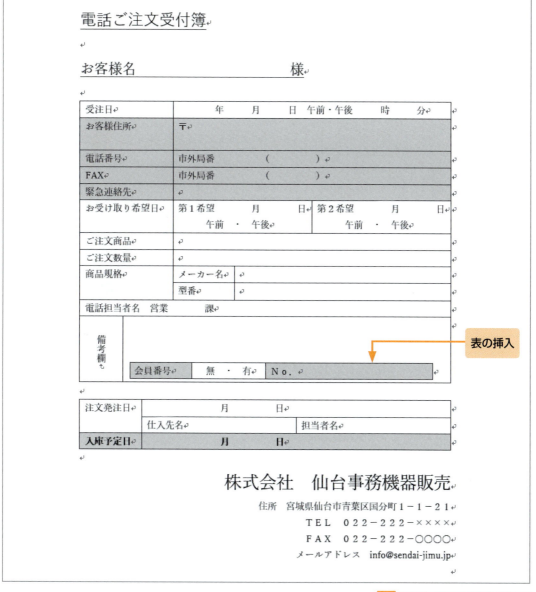

ファイル名　やってみよう 20

＊セルの色は自由に設定しましょう。

やってみよう！21 ▶▶ 表のある文書 2

次のような文書を作成しましょう。

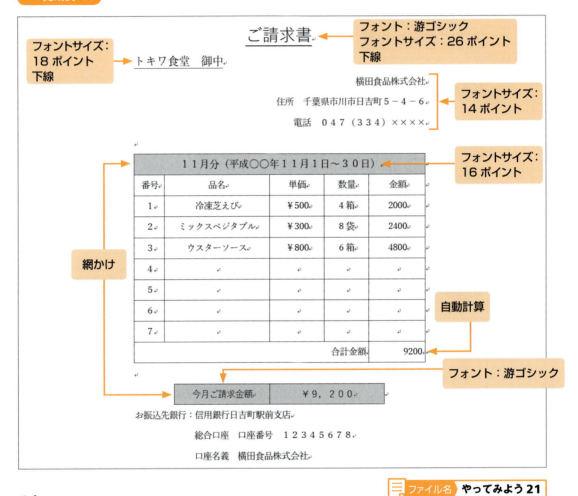

ファイル名　やってみよう21

- セルの網かけの色は，〔オレンジ〕です。
- 合計金額を計算するには，〔レイアウト〕タブ→〔データ〕グループの 〔計算式〕ボタンを使います。
  ①計算結果を表示したいセルにカーソルを置きます。
  ② 〔計算式〕ボタンをクリックすると，〔計算式〕ダイアログボックスが表示されます。
  ③〔計算式（F）〕欄に「＝SUM（ABOVE）」と表示されていることを確認して，〔OK〕ボタンをクリックすると，セルに合計金額が表示されます。

Lesson 2 簡単な図形を作成する

学習のポイント ● 直線や図形の描き方を学びます。

例題 17 「やってみよう！11」の文書に，次のような図形を挿入しましょう。

完成例

正方形／長方形

正方形／長方形

基本図形：スマイル，ハート

ファイル名 例題17

ワンポイント▶▶ 画面表示を拡大する

細かい作業をするときは，画面表示を拡大して行うようにしましょう。画面右下の ■〔ズームスライダー〕をドラッグするか，〔ズーム〕の ✚〔拡大〕ボタンや ━〔縮小〕ボタンをクリックすることで，画面表示の拡大・縮小ができます。

1 ▶▶ 図形描画の機能

Wordでは，円や四角形，矢印などの図形を文書上に描くことができます。図形の入った文書を作成してみましょう。

1 〔挿入〕タブをクリックします。
2 〔図形〕ボタンをクリックします。

主なボタンの名称と機能は以下のようになっています。それぞれのボタンをクリックして文書内をドラッグすると，その大きさで図形を描くことができます。

① ╲ 〔直線〕ボタン……　直線を描きます。同時に Shift キーを押すと，水平・垂直・45度の線など，方向を45度刻みで引くことができます。

② ↘ 〔矢印〕ボタン……　矢印を描きます。同時に Shift キーを押すと，方向を45度刻みで引くことができます。

③ □ 〔正方形／長方形〕ボタン……　四角形の対角線をドラッグして描きます。同時に Shift キーを押すと，正方形になります。

④ ○ 〔円／楕円〕ボタン……　楕円を描きます。同時に Shift キーを押すと，正円になります。

図形をクリックすると，リボンに〔書式〕タブが表示されます。〔書式〕タブにある各コマンドボタンを利用すると，簡単に図形を編集できます。

PART 4 Lesson 2 簡単な図形を作成する

① 〔図形のスタイル〕……　一覧表示されたさまざまなスタイルから，使いたいものを選択してデザインを変更します。サンプルをポイントすると，文書上でプレビューを確認できます。

② 〔図形の塗りつぶし〕ボタン……　図形に色を塗ったり，画像や模様を貼り付けたりします。

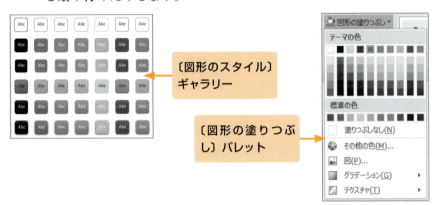

③ 〔図形の枠線〕ボタン……　図形の枠線の色や種類を変更します。

④ 〔図形の編集〕ボタン……　作成した図形を別の図形に変更したり，頂点の位置を編集したりします。

⑤ 〔図形の効果〕ボタン……　図形に影をつけたり，立体的な描写にしたりします。

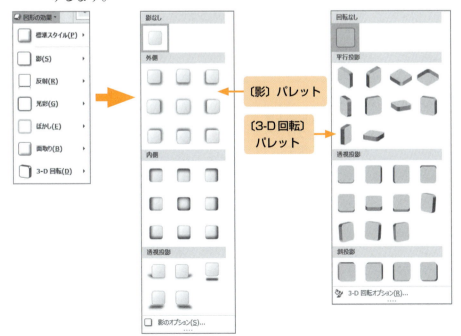

2 ▶▶ 図形の作成

図形を挿入して，「例題17」の文書を作成しましょう。

〔挿入〕タブ→〔図〕グループの〔図形〕ボタン→ □〔正方形／長方形〕ボタンをクリックします。

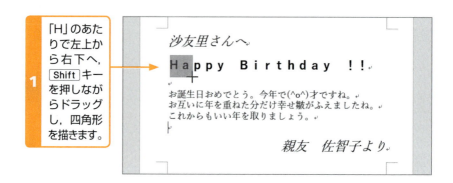

図形は文字の上に重ねて作成されるため，作成直後は文字が隠れてしまいます。図形を，文字の背後に移動しましょう。

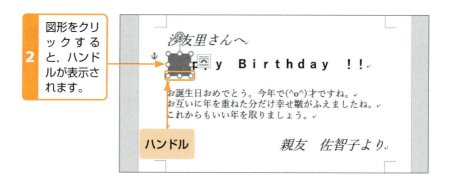

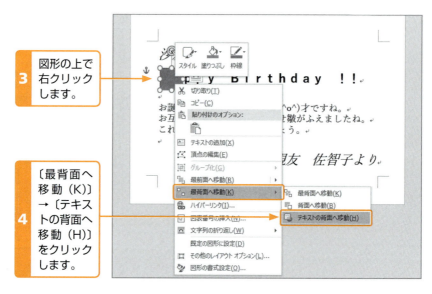

PART 4　Lesson 2　簡単な図形を作成する

図形が文字の後ろへ移動して，文字が前面に表示されます。
もう1つの四角形も同じようにして描きます。

次に，四角形に色と影を付けます。

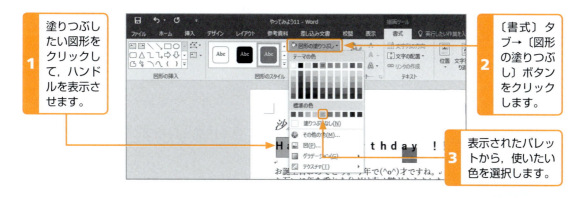

1　塗りつぶしたい図形をクリックして，ハンドルを表示させます。

2　〔書式〕タブ→〔図形の塗りつぶし〕ボタンをクリックします。

3　表示されたパレットから，使いたい色を選択します。

＊〔その他の色（M）〕をクリックすると，さらに細かく色を指定できます。

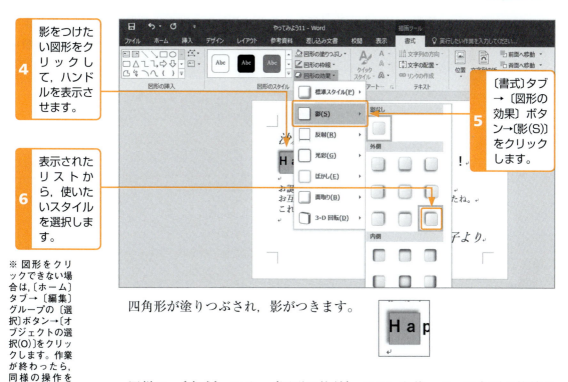

4　影をつけたい図形をクリックして，ハンドルを表示させます。

5　〔書式〕タブ→〔図形の効果〕ボタン→〔影(S)〕をクリックします。

6　表示されたリストから，使いたいスタイルを選択します。

※ 図形をクリックできない場合は，〔ホーム〕タブ→〔編集〕グループの〔選択〕ボタン→〔オブジェクトの選択(O)〕をクリックします。作業が終わったら，同様の操作を行って解除しておきます。

四角形が塗りつぶされ，影がつきます。

同様に，〔書式〕タブ→〔図形の枠線〕ボタンを使って，四角形の枠線の色も変えましょう。

3 ▶▶ 基本図形の利用

〔挿入〕タブ→〔図〕グループの〔図形〕ボタン→〔基本図形〕の〔スマイル〕ボタンをクリックします。

文書内でドラッグすると，選択した図形が描かれます。

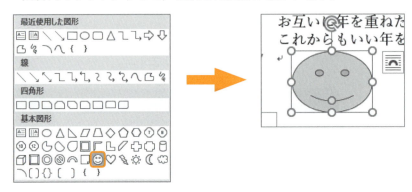

「ハート」の図形も同様に挿入し，色や枠線を付けましょう。

＊重なりが下のものから挿入していきます。

4 ▶▶ 図形の重なり順

複数の図形を重ねて挿入すると，それらの図形に重なりの順序が生じますが，これは変えることができます。「スマイル」と「ハート」の重なり順を変えてみましょう。

「スマイル」をクリックします。

ワンポイント▶▶ 図形の変形

図形によっては黄色のハンドルがついているものがあります。これをドラッグすると図形を変形することができます。

〔書式〕タブ→〔配置〕グループの〔前面へ移動〕ボタンをクリックします。

「スマイル」がいちばん前に移動します。

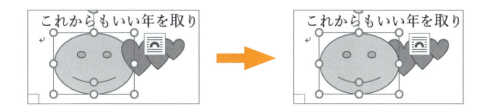

同様に，〔背面へ移動〕ボタンをクリックして，元に戻しましょう。

5 ▸▸ 図形の回転

図形の上には ⟲ のハンドル（回転ハンドル）があります。このハンドルにマウスポインタを当てると形状が変わり，そのままドラッグすると図形を回転させることができます。

6 ▸▸ 図形のグループ化

いくつかの図形をまとめて絵を作る場合，ばらばらの状態では移動や拡大・縮小の作業が煩雑になります。そのような場合は，それらの図形をグループ化することで，1つの図形として扱うことができます。「スマイル」と3つの「ハート」の図形をグループ化しましょう。

① [Ctrl] キーを押しながらグループ化したい図形を1つずつクリックしていきます。

② 〔書式〕タブ→〔配置〕グループの〔グループ化〕ボタン→〔グループ化（G）〕をクリックします。

※右クリックして，ショートカットメニューから〔グループ化〕→〔グループ化(G)〕を選択しても，グループ化ができます。

③ 選択した複数の図形がグループ化されます。これにより，1つの図形として移動や拡大・縮小が簡単にできるようになりました。

ワンポイント▶▶ 図形内への文字入力

図形によっては，中に文字を入力することができます。手順は以下のとおりです。

① 挿入した図形の上で右クリックし，〔テキストの追加（X）〕をクリックします。
② 図形の中にカーソルが表示されるので，文字を入力します。入力した文字のフォント，フォントサイズ，フォントの色などの変更は，文章と同様に可能です。

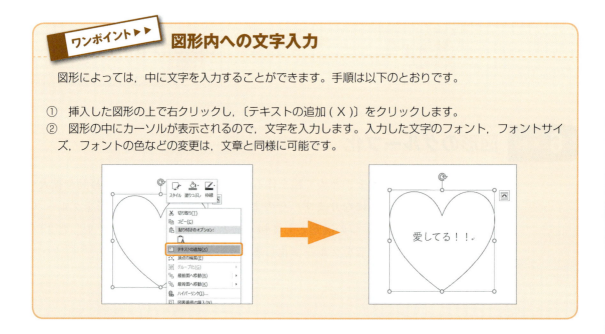

PART 4 | Lesson 2 簡単な図形を作成する

やってみよう！22 ▶▶ 簡単な図形の作成 1

次のような図形のある文書を作成しましょう。

完成例

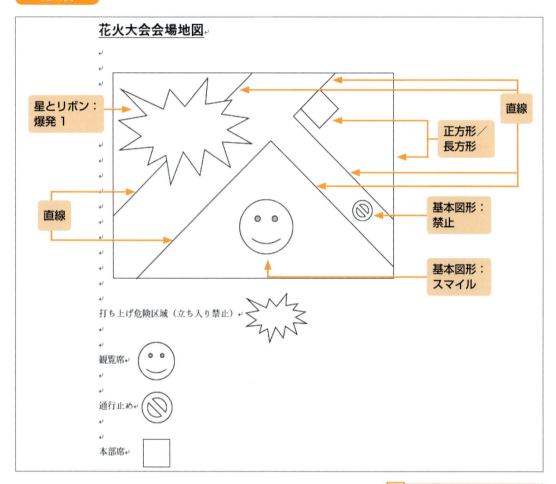

ファイル名　やってみよう22

＊フォントやフォントサイズなどは，適宜設定しましょう。

● 道路は，作成後にグループ化しておくと，あとの作業がしやすくなります。

やってみよう！23 ▶▶ 簡単な図形の作成 2

「やってみよう！16」の文書に次のような図形を挿入しましょう。

完成例

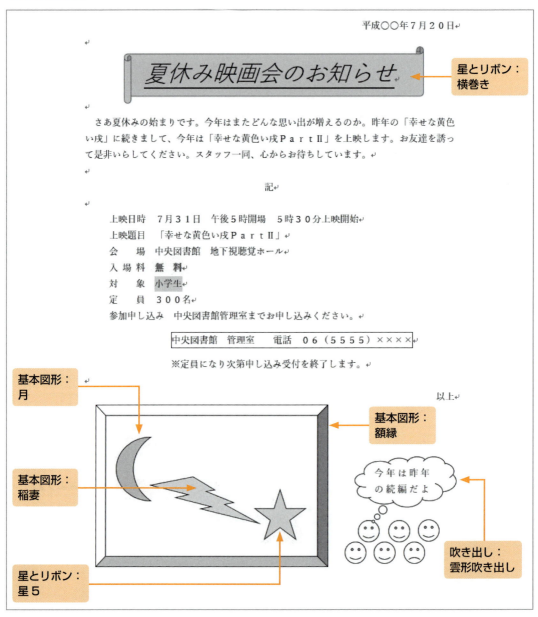

PART 4 Lesson 2 簡単な図形を作成する

やってみよう！24 ▶▶ PART 4 のまとめ 1

次のような文書を作成しましょう。

完成例

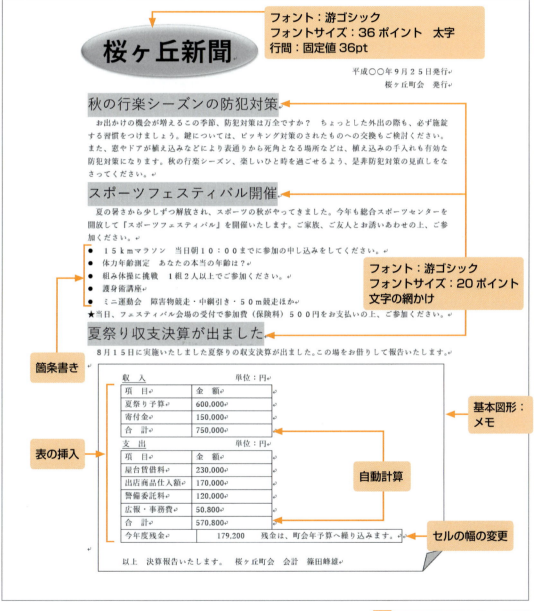

ファイル名　やってみよう24

やってみよう! 25 ▶▶ PART 4 のまとめ 2

「やってみよう！13」の文書を次のように編集しましょう。

完成例

2016/07/20 発行　回覧板
【できるだけ手渡しでお願いします】

花火大会のお知らせ

南海岸通の夏の風物詩、２０００発の花火が今年も夏の夜空を飾ります。ご家族お誘いあわせの上、ご参加ください。
なお、当町内防犯対策の役員の方は、先日の打ち合わせどおり各地区の見回り、立入禁止区域外への見物の方の誘導をお願いいたします。

実施日時　　８月１５日　夜　７時３０分より（防犯対策役員の方は、白浜海岸漁業協同組合前に５時集合）
　　　　　　なお、当日花火大会実施の際は、午後３時に花火を打ち上げます。
立入禁止区域　白浜海岸漁業協同組合前より海岸方面（実施後夜９時に立入禁止解除の予定です）

─南海岸通第４地区回覧板
　最後の方は、今年度行事実行委員「木ノ内」までお届けください。

木ノ内	田中	太田	遠藤	佐藤	久保田	清水	木ノ内

　　　　（回ってきたら上の名前に○を付けてください）

> フォントサイズ：12 ポイント
> 行間：固定値　20pt

> フッターに表を挿入

ファイル名　やってみよう25

● 表の中に表を挿入するのと同様，ヘッダーやフッター内にも表を挿入することができます。

PART 5

画像やテキストを挿入しよう

▶▶ **Lesson 1**　イラストを挿入する
▶▶ **Lesson 2**　特殊な位置に文字を挿入する

Lesson 1 イラストを挿入する

学習のポイント
- イラスト（画像）の挿入方法を学びます。
- 画像の編集のしかたを学びます。

「例題13」の文書に次のようなイラストを挿入しましょう。

完成例

平成○○年3月2日

第4地区町会会員各位

富士見町会　会長
高嵜幸次郎

春のバスツアーのご案内

　少しずつ暖かくなってきました。今年も恒例の「お花見バスツアー」を実施いたします。家族皆様お誘いあわせの上ご参加いただきますよう、心よりお待ち申し上げております。
　なお、ご参加申し込みにつきましては、3月15日までに会計係飯田まで、参加費用を添えてお申し込みいただきますようお願い申し上げます。

実　施　日　4月5日　AM7：30　第4地区集会所前に集合
会　　　費　大人1人￥4,500　（中学生以下は￥1,800）
コ　ー　ス　集会所出発→花山公園（園内散策）→桃源郷（和食処・昼食）

　　※バス・お食事の予約の都合上、**4月に入りましてのキャンセルは会費の返還ができませんので、ご了承ください。**

今年度旅行幹事
柴田　恭子

ファイル名　例題18

PART 5　Lesson 1 イラストを挿入する

1 ▶▶ 画像の挿入

　Wordは，簡単な図形だけでなく，イラストや写真などの画像も文書内に挿入することもできます。ここでは「Bingイメージ検索」を利用してインターネットから探した画像を挿入する方法を学びましょう。なお，「Bingイメージ検索」を使うときにはインターネットに接続されている必要があります。

　まず，画像を挿入したい場所にカーソルを移動します。ここでは，本文3行目の「お待ち申し上げております。」のあとにカーソルを置きます。

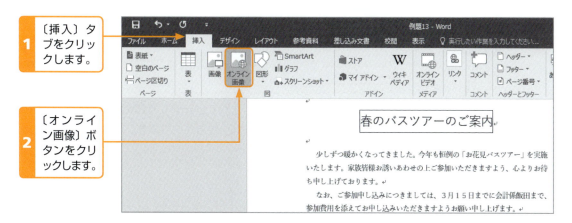

1　〔挿入〕タブをクリックします。

2　〔オンライン画像〕ボタンをクリックします。

　〔画像の挿入〕ウィンドウが表示されるので，挿入する画像を検索します。ここではバスのイラストを探してみましょう。

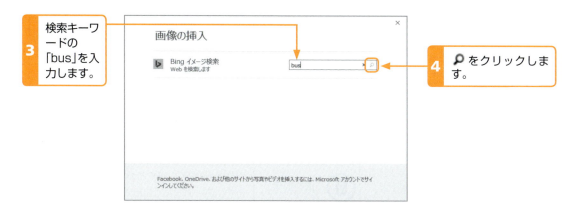

3　検索キーワードの「bus」を入力します。

4　🔍をクリックします。

ワンポイント ▶▶ 検索キーワードの工夫

　「Bingイメージ検索」は，インターネットの検索サイトBingの画像検索の結果を表示しています。そのため，検索のキーワードによっては求める画像がうまく見つからないことがあります。そのような場合には，「バス」を「観光バス」にして絞り込んだり，日本語の「バス」の代わりに英語の「bus」にしてみるなど，キーワードを工夫してみましょう。

検索結果が表示されます。

5 使いたいイラストを選択します。

6 リンクをクリックすると、ライセンスを確認できます。

7 〔挿入〕をクリックします。

※「Bing イメージ検索」は常に更新されています。そのため，同じキーワードで検索しても同じものが見つからない場合もあります。

ワンポイント▶▶ 画像の著作権に注意

「Bing イメージ検索」の結果は，ライセンスや利用条件がさまざまです。最初に表示されるのは，クリエイティブ・コモンズという一定の条件の下での作品の利用を認めるライセンスによる画像です。これらの画像は，作品のライセンスで許されている条件内で再配布や加工を行うことができます。上の検索結果の画面で，画像を選択すると左下に画像の情報と出所のリンクが表示されるので，クリックしてライセンスを確認できます。

クリエイティブ・コモンズのライセンスには，右の表のようなものがあり，「表示＋改変禁止」のように複数のライセンスを組み合わせて使われることもあります。

ライセンス		説明
ⓘ	表示	著作者や作品に関する情報を表示すること。
🚫$	非営利	営利目的での利用をしないこと。（＄の代わりに￥や€を使ったものもある）
＝	改変禁止	作品を加工したり編集したりしないで，そのまま利用すること。
↻	継承	作品を使ってできた新しい作品も元の作品と同じライセンスで公開すること。
0	権利放棄	著作者が作品に関するすべての権利を放棄している。（自由に利用できる）
🄮	公有	著作権が公有になっている。（自由に利用できる）

● 「すべての Web 検索結果を表示」で表示される画像

検索結果の画像一覧の下に表示される〔すべての Web 検索結果を表示〕のボタンを押すと，検索キーワードにあてはまる画像がライセンスに関係なく表示されますが，これらの画像の中には，自由に使用できないものも多くあります。著作権や肖像権に気をつけて使ってください。

PART 5　Lesson 1　イラストを挿入する

〔挿入〕をクリックすると，カーソルのところに画像が挿入されます。

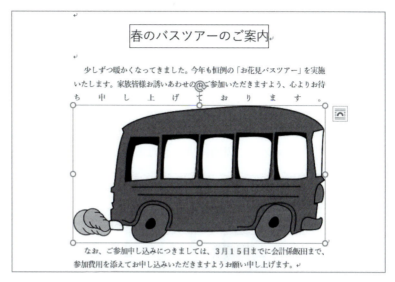

画像を挿入すると，大きかったり小さかったりします。また，画像が1つの大きな文字のようにして行の中に組み込まれているので，レイアウトがくずれます。この例の場合は，「ち申し上げております。」の後ろに大きな文字（画像）が入ったので，「ち申し上げております。」の字間を広げて無理矢理1行にした上で，次の行の左右一杯を使って画像をおさめた状態です。

サイズや位置の調節は，次に説明しますので修正していきましょう。

ワンポイント▶▶▶ 画像ファイルを挿入する

オンライン画像以外に，自分で作成した画像ファイルや，デジタルカメラで撮影した画像ファイルも文書に挿入することができます。その手順は以下の通りです。

① 画像を挿入したい位置にカーソルを置いて，〔挿入〕タブ→〔図〕グループの〔画像〕ボタンをクリックします。

② 〔図の挿入〕ダイアログボックスが表示されるので，画像ファイルの場所，名前を選択して，〔挿入（S）〕ボタンをクリックします。

③ カーソルの場所に画像が挿入されます。

2 ▶▶ イラストの操作と書式設定

挿入した画像は，拡大・縮小や移動，デザインの変更などを自由に行うことができます。

（1）イラストを拡大・縮小する

画像の大きさが合わない場合は，拡大・縮小します。図形と同じように，クリックして周囲に表示されるハンドルをドラッグしましょう。

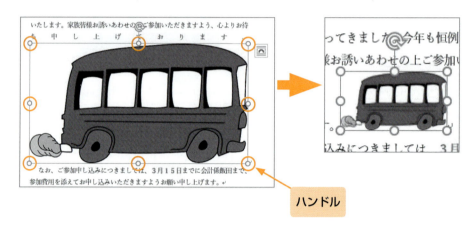

ハンドル

（2）イラストを移動する

画像は，文書に挿入された時点では文字列の中に組み込まれて，文字や記号と同じ扱いになっています。そのため，適当な場所に移動するためには，画像を文字列から切り離すことが必要になります。

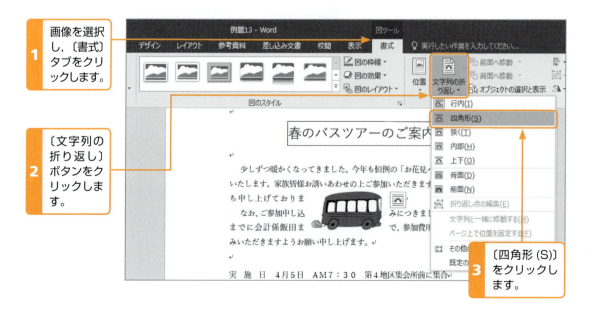

1 画像を選択し，〔書式〕タブをクリックします。

2 〔文字列の折り返し〕ボタンをクリックします。

3 〔四角形(S)〕をクリックします。

PART 5 | Lesson 1 イラストを挿入する

これで挿入した画像を図形として扱えるようになりました。あとは図形と同じように，ドラッグして文書の右に移動し，大きさを調整しましょう。

ワンポイント ▶▶▶ 文字列の折り返し

●文字列の折り返しの種類

挿入した画像と文字の関係は，最初は画像全体を 1 つの大きな文字と同じように扱う「行内」に設定されています。文字列の折り返しを設定すると，画像や図・ワードアートなどの画像が本文の文字から切り離されて，文字が画像のまわりでどのように折り返すかを設定できます。文字列の折り返しには，右のような種類がありますが，それぞれの設定内容がよくわからない場合には，実際の文書で試してみるとよいでしょう。

設定		効果
四角		画像の周囲が四角く囲まれて文字が折り返される。
外周（狭く）		画像の外形に沿って文字が折り返される。
内部		画像内部の透明な部分にも文字が表示される。
上下		画像の上下に文字が表示され，画像の左右には表示されない。
背面		画像のまわりで文字を折り返さず，画像は文字のバック（背面）に表示される。
前面		画像のまわりで文字を折り返さず，画像は文字の前面に表示される（画像に重なった部分の文字は隠される）。

●〔レイアウトオプション〕ボタンを使った設定

本書では，〔書式〕リボンの〔文字列の折り返し〕ボタンを使って設定しましたが，挿入した画像の右側に表示される 〔レイアウトオプション〕ボタンを利用しても設定することができます。このボタンをクリックすると，文字列の折り返しの設定が表示されるので，そこから適切なものを選択します。

(3) 画像のスタイルを変更する

画像は図形と同じように色をつけたり，枠線を引いたりできるだけでなく，さまざまな効果を加えたり，スタイルを変更したりすることができます。「例題18」の画像に効果をつけてみましょう。

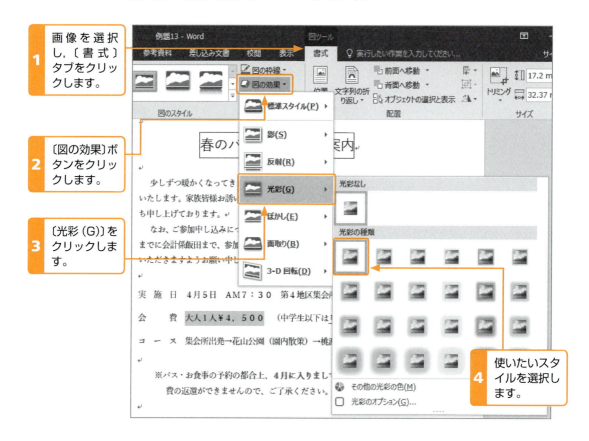

画像のスタイルが変更されます。

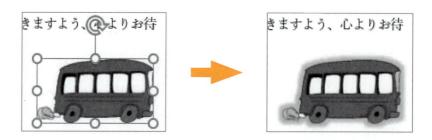

このほか，〔修整〕〔色〕〔アート効果〕などのボタンを利用して，画像をさまざまなスタイルに変更できます。

PART 5　Lesson 1　イラストを挿入する

やってみよう！26 ▶▶ 画像のある文書 1

「やってみよう！15」の文書に次のようなイラストを挿入しましょう。

完成例

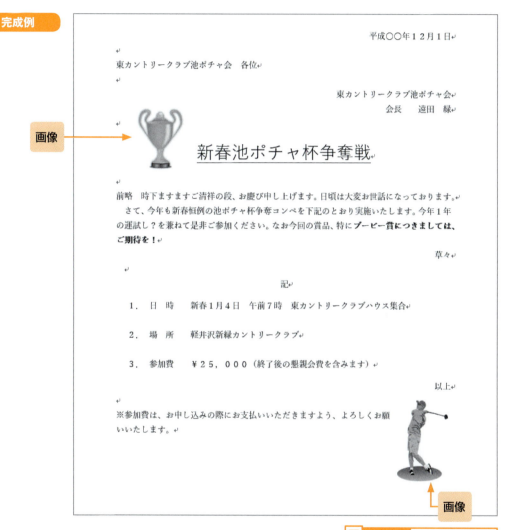

ファイル名　やってみよう26

ヒント

● 画像の検索キーワードは「トロフィー」「ゴルフ」です。

やってみよう！27 ▶▶ 画像のある文書 2

「例題 17」の文書を編集し，次のようなイラストを挿入しましょう。

完成例

ファイル名　やってみよう27

- 画像の検索キーワードは「誕生日」「プレゼント」です。
- 「お誕生日おめでとう〜」の図形は基本図形の「メモ」を使います。

PART 5　Lesson 1　イラストを挿入する

やってみよう！28　画像のある文書 3

「やってみよう！19」の文書に次のようなイラストを挿入しましょう。

完成例

ファイル名　やってみよう28

- 画像の検索キーワードは「ヨット」です。
- 図形は基本図形の「太陽」を使います。

Lesson 2 特殊な位置に文字を挿入する

学習のポイント ●テキストボックスの作成方法について学びます。

「やってみよう！23」の文書に次のような縦書きテキストボックスを挿入しましょう。

完成例

テキストボックスの設定

游ゴシック　　18 ポイント　　太字　　上下中央揃え　　文字の色：白
塗りつぶしの色：緑　　影：外側　オフセット（斜め右下）

＊ p.134 以降の問題のテキストボックスについては，設定は適宜行いましょう。

PART 5　Lesson 2 特殊な位置に文字を挿入する

1 ▶▶ テキストボックスの作成

　Wordには，好きな場所に枠組みを作成し，中に文字を入力できる機能があります。これが**テキストボックス**です。
　テキストボックスは，置き場所だけでなく，文字のスタイルも自由に決められるため，横書きの文書に縦書きの文章を入れたいときや，図形に文字を組み合わせたいときなどに便利です。ここでは，「やってみよう！23」の文書に，縦書きのテキストボックスを追加してみましょう。

1. 〔挿入〕タブをクリックします。
2. 〔テキストボックス〕ボタンをクリックします。
3. 〔縦書きテキストボックスの描画（V）〕をクリックします。

　〔縦書きテキストボックスの描画（V）〕をクリックすると，マウスポインタが＋に変わるので，文書内のテキストボックスを挿入したいところにマウスポインタを持って行って，そこからドラッグしてテキストボックスを作成します。

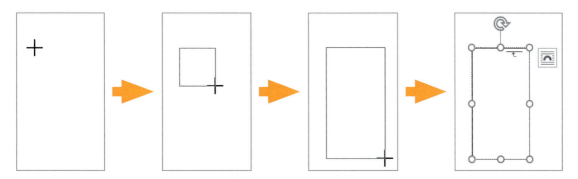

　マウスボタンを放すとテキストボックスの周囲にハンドルが表示され，中にはカーソルが表示されます。ここからわかるように，テキストボックスは図形と同じようにハンドルを使って移動させたり，カーソルの位置に文字を入力したりできます。カーソルの位置に「入場無料」と入力しましょう。

テキストボックス内の文字は，通常の文書内の文字と同じように，書式を自由に設定できます。テキストボックスに入力した「入場無料」の文字を游ゴシック 18 ポイント，太字，上下中央揃えに設定しましょう。

テキストボックス内の文字をドラッグして範囲を指定し，〔ホーム〕タブをクリックします。

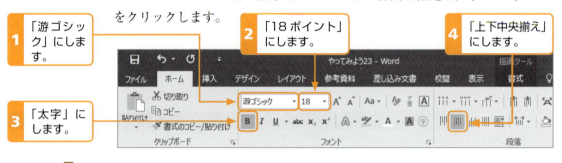

1 「游ゴシック」にします。
2 「18 ポイント」にします。
3 「太字」にします。
4 「上下中央揃え」にします。

参照
フォントの変更 …… P.67
図形の塗りつぶし …… P.109
影 …… P.109

次にテキストボックス内に色を塗って，周囲に影をつけましょう。テキストボックスを選択した状態で〔描画ツール〕の〔書式〕タブをクリックします。

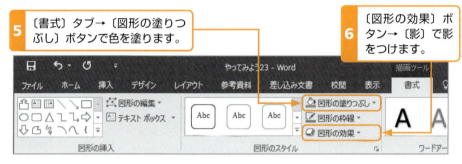

5 〔書式〕タブ→〔図形の塗りつぶし〕ボタンで色を塗ります。
6 〔図形の効果〕ボタン→〔影〕で影をつけます。

緑の背景に黒の文字では読みにくいので文字色を白に変更します。

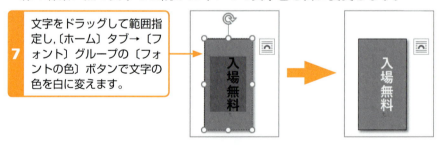

7 文字をドラッグして範囲指定し，〔ホーム〕タブ→〔フォント〕グループの〔フォントの色〕ボタンで文字の色を白に変えます。

最後にテキストボックスの大きさを調整します。

8 テキストボックスのハンドルをドラッグして大きさを調整します。

PART 5 Lesson 2 特殊な位置に文字を挿入する

2 ▶▶ 順序と書式設定

テキストボックスは，図形や画像と同じような扱いとなります。そのため，図形や本文と重なったときは，図形と本文の重なり順（順序）を設定します。

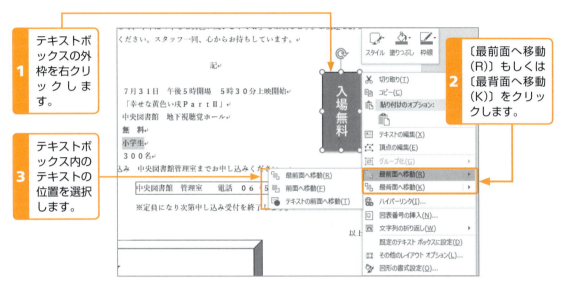

また，右クリックしてショートカットのメニューから〔図形の書式設定(O)〕をクリックすると〔図形の書式設定〕ウィンドウが表示され，テキストボックスのレイアウトやスタイルの変更ができます。

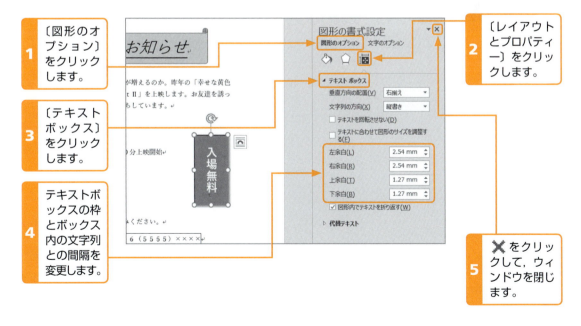

やってみよう！29 ▶▶ PART 5 のまとめ 1

「やってみよう！10」の文書に次のような横書きテキストボックスとイラストを挿入しましょう。

完成例

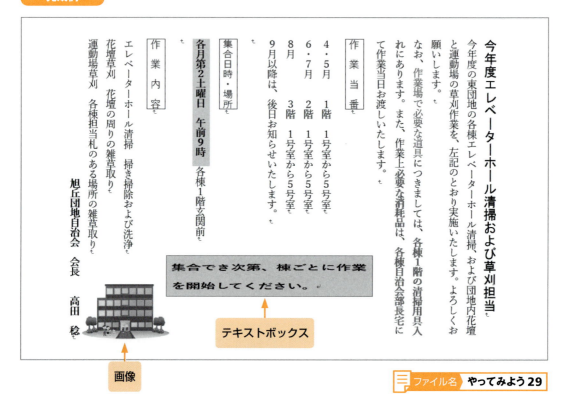

ファイル名　やってみよう29

●画像の検索キーワードは「マンション」です。

PART 5 | Lesson 2 特殊な位置に文字を挿入する

やってみよう！30 ▶▶ PART 5 のまとめ 2

「例題 10」の文書を次のように編集しましょう。

完成例

> 9月のウォーキング
>
> 9月のウォーキングは、日向山を予定しております。参加されない方は、今月末までにご連絡ください。
>
> 集　　合　新橋駅東口　交番前　6時
> 目 的 地　埼玉県竹中市　日向山（4.5kmのコース）
>
> ◆当日は、ウォーキング終了後の反省会で、次回の活動場所と幹事を決めさせていただきます。できるだけご参集いただきますよう、お願いします。

テキストボックス　線なし

画像

ファイル名　やってみよう30

ヒント
- 画像の検索キーワードは「登山」です。
- 〔文字列の折り返し〕は〔前面〕に設定します。

やってみよう！31 ▶▶ PART 5 のまとめ 3

「やってみよう！24」の文書を次のように編集しましょう。

完成例

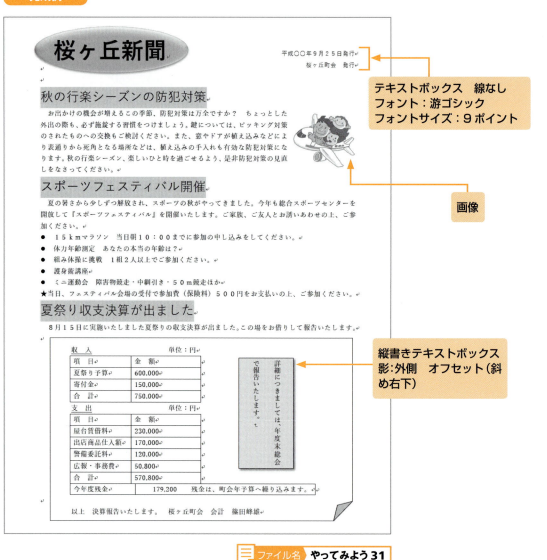

ファイル名　やってみよう31

- 画像の検索キーワードは「旅行」です。
- 〔文字列の折り返し〕は〔四角（S）〕に設定します。

PART 6

文書作成機能を活用しよう

▶▶ Lesson 1　カラフルな見出しを作成する
▶▶ Lesson 2　文字の検索や置き換えを行う
▶▶ Lesson 3　ルビや囲い文字を利用する
▶▶ Lesson 4　段組みを設定する

カラフルな見出しを作成する

学習のポイント ●ワードアートの利用方法を学びます。

　「例題18」のタイトルを次のように編集しましょう。

完成例

平成〇〇年3月2日

第4地区町会会員各位

富士見町会　会長
髙嵜幸次郎

ワードアート → 春のバスツアーのご案内

　少しずつ暖かくなってきました。今年も恒例の「お花見バスツアー」を実施いたします。家族皆様お誘いあわせの上ご参加いただきますよう、心よりお待ち申し上げております。
　なお、ご参加申し込みにつきましては、3月15日までに会計係飯田まで、参加費用を添えてお申し込みいただきますようお願い申し上げます。

実　施　日　4月5日　AM7：30　第4地区集会所前に集合
会　　　費　大人1人￥4,500　（中学生以下は￥1,800）
コ　ー　ス　集会所出発→花山公園（園内散策）→桃源郷（和食処・昼食）

　　※バス・お食事の予約の都合上、4月に入りましてのキャンセルは会
　　　費の返還ができませんので、ご了承ください。

今年度旅行幹事
柴田　恭子

PART 6　Lesson 1　カラフルな見出しを作成する

2 ▶▶ ワードアートの機能

〔書式〕タブを利用して，作成したワードアートを編集することができます。各ボタンの機能は以下のようになっています。

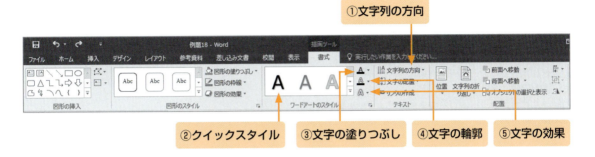

① 〔文字列の方向〕ボタン…… 文字の縦書き／横書きを切り替えます。
② 〔クイックスタイル〕ボタン…… ワードアートのスタイルを変更します。一覧表示された各ボタンをポイントすることで，プレビューを確認しながら作業が行えます。
③ 〔文字の塗りつぶし〕ボタン…… 文字に色を塗ったり，画像や模様を貼り付けたりします。
④ 〔文字の輪郭〕ボタン…… 文字を囲む枠線の色や種類を設定します。
⑤ 〔文字の効果〕ボタン…… 文字に影をつけたり，立体的な形にしたりします。

ワードアートの大きさを調整する場合は，拡大したり縮小したりします。ワードアート上でクリックすると，ハンドルが表示されるので，上下左右にドラッグして拡大・縮小してみましょう。
また，⑤〔文字の効果〕ボタンの中のメニューは次のようになっています。

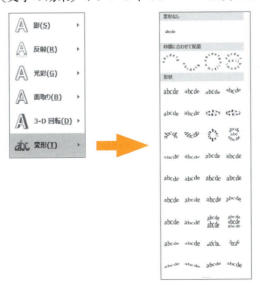

やってみよう！32 ワードアートのある文書作成

「やってみよう！31」の文書のタイトルを次のように編集しましょう。

完成例

ワードアート：
文字の効果：変形→上アーチ
変形→影→外側→オフセット（下）

ワードアート：
フォントサイズ：14ポイント
文字の塗りつぶし：自動
文字の輪郭：自動
文字の効果：変形→右上がり1

平成〇〇年9月25日発行
桜ヶ丘町会　発行

秋の行楽シーズンの防犯対策
　お出かけの機会が増えるこの季節、防犯対策は万全ですか？　ちょっとした外出の際も、必ず施錠する習慣をつけましょう。鍵については、ピッキング対策のされたものへの交換もご検討ください。また、窓やドアが植え込みなどにより表通りから死角となる場所などは、植え込みの手入れも有効な防犯対策になります。秋の行楽シーズン、楽しいひと時を過ごせるよう、是非防犯対策の見直しをなさってください。

スポーツフェスティバル開催
　夏の暑さから少しずつ解放され、スポーツの秋がやってきました。今年も総合スポーツセンターを開放して『スポーツフェスティバル』を開催いたします。ご家族、ご友人とお誘いあわせの上、ご参加ください。
● 　15kmマラソン　当日朝10：00までに参加の申し込みをしてください。
● 　体力年齢測定　あなたの本当の年齢は？
● 　組み体操に挑戦　1組2人以上でご参加ください。
● 　護身術講座
● 　ミニ運動会　障害物競走・中綱引き・50m競走ほか
★当日、フェスティバル会場の受付で参加費（保険料）500円をお支払いの上、ご参加ください。

夏祭り収支決算が出ました
　8月15日に実施いたしました夏祭りの収支決算が出ました。この場をお借りして報告いたします。

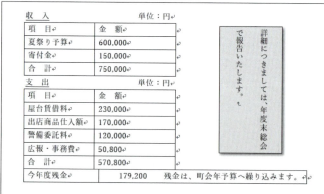

以上　決算報告いたします。　桜ヶ丘町会　会計　篠田峰雄

ファイル名　やってみよう32

Lesson 2 文字の検索や置き換えを行う

学習のポイント ●文字の検索や置換のしかたを学びます。

次の文書を作成し，置換の機能を使って「寺町」を「新町」に修正しましょう。また，検索の機能を使って「小宮」を探しましょう。

原文

新田駅朝通勤時時刻表

上段・時刻　　下段・行き先

時	港町方面	
6	0　10　19　25　38　45　55	
	元町　　元町　　　　寺町　　元町	
7	8　15　25　30　35　40　45　50　55	
	寺町　　　元町　　　元町　　　寺町	
8	0　12　15　20　25　35　40　48　56	
	元町　　元町　　　小宮　　　　寺町　　　元町	
9	3　14　20　26　37　45　55	
	元町　　　寺町　　元町	
10	0　10　20　30　40　50	
	元町　小宮　寺町	

無印は、港町行き

1 ▶▶ 文字の置換

Wordには，指定した語句を文書の中から探し出す**検索**，ほかの文字に置き換える**置換**の機能があります。この検索や置換を使うと，文書全体にちらばる表記ミスを直したり，以前使った文書の日付や担当者の名前を変えて再利用したりするときなどに便利です。

まず，「寺町」を「新町」に置き換えてみましょう。

1 〔ホーム〕タブ→〔編集〕グループ→〔置換〕ボタンをクリックします。

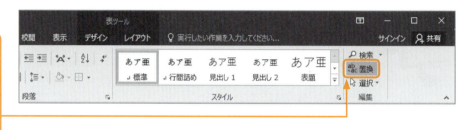

〔検索と置換〕ダイアログボックスが表示されます。

2 〔検索する文字列(N)〕に「寺町」と入力します。

3 〔置換後の文字列(I)〕に「新町」と入力します。

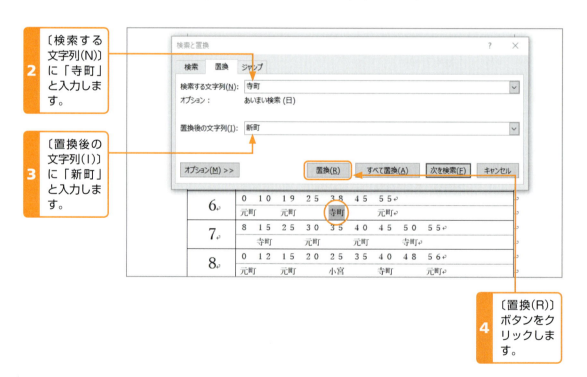

4 〔置換(R)〕ボタンをクリックします。

文書の最初にある「寺町」が検出され，灰色のバックで表示されます。

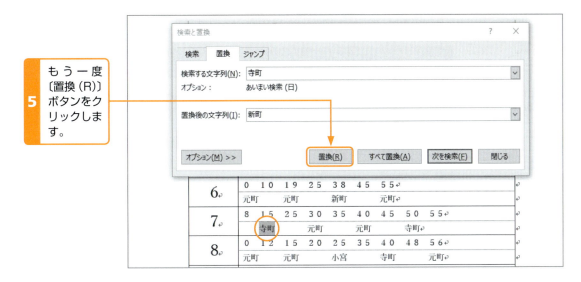

5 もう一度〔置換(R)〕ボタンをクリックします。

最初の「寺町」が「新町」に置換され，次の「寺町」が灰色のバックで表示されます。置換がすべて終わると，「文書の検索が終了しました。」というメッセージが表示されます。

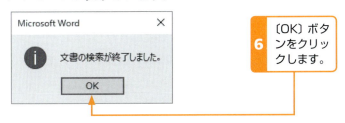

6 〔OK〕ボタンをクリックします。

〔検索と置換〕ダイアログボックスの〔閉じる〕ボタンをクリックします。

2 ▶▶ 文字の検索

検索は，置換の場合とほぼ同じことが行われます。

1 〔ホーム〕タブ→〔編集〕グループ→〔検索〕ボタンをクリックします。

ワンポイント▶▶ 文字をすべて置換する

置換したい文字がたくさんあるときや，対象の文書が長いときなどは，〔すべて置換(A)〕ボタンを使うと便利です。文書全体にわたって検索した文字が一度に置換され，いくつの文字列を置換したかが報告されます。

〔ナビゲーション〕ウィンドウが表示されます。

2 〔ナビゲーション〕に「小宮」と入力します。

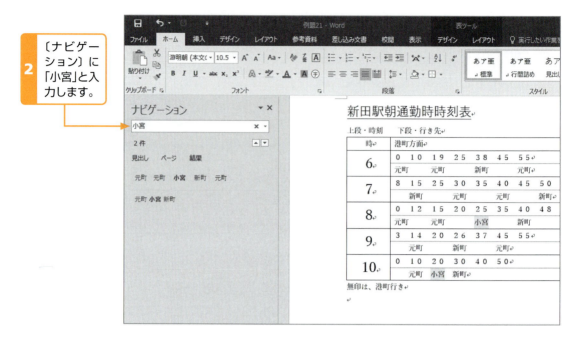

文書にある「小宮」がすべて検出され，〔ナビゲーション〕ウィンドウに表示されるのと同時に，文書中には黄色のバックで表示されます。

Word のあいまい検索

特別な設定をせずに文字を検索すると，Word ではあいまい検索を行います。これは，完全に同じ文字だけではなく，表記に細かな違いのある文字も検索するものです。たとえば，「バイオリン」や「えびす」と入力して検索すると，「ヴァイオリン」や「ゑびす」なども検出されます。

PART 6 Lesson 2 文字の検索や置き換えを行う

やってみよう！33 ▶▶ 文字の検索と置換

文字の置換機能を使って，これまでに作成した文書を修正しましょう。

（1）「やってみよう！4」の文書中の「パソコン」を「パーソナルコンピュータ」に修正しましょう。　**完成例**　ファイル名　**やってみよう33-1**

（2）「やってみよう！18」の修了証の氏名を以下のように順番に置換して，それぞれの修了証を印刷しましょう。
　　　後藤　君江 → 鈴木　恭介 → 高橋　正弘 → 山田　小枝子
　　完成例　ファイル名　**やってみよう33-2**

（3）「やってみよう！23」の文書中の「幸せな黄色い戌」を「あの星空の下に」に修正しましょう。　**完成例**　ファイル名　**やってみよう33-3**

ワンポイント▶▶ 検索オプションを活用する

「ゑびす」は除外して「えびす」だけを探し出すなど，正確に検索したいときは，あいまい検索では対応できません。目的に合わせて検索オプションを設定する必要があります。〔検索〕ボタンの中の〔高度な検索（A）〕をクリックします。表示された〔検索と置換〕ダイアログボックスの〔オプション（M）〕ボタンをクリックしましょう。検索オプションの項目が表示されます。

まず〔あいまい検索（日）（J）〕のチェックマークをクリックしてはずします。すると〔完全に一致する単語だけを検索する（Y）〕などのオプションが選べるようになります。

また，〔書式（O）〕ボタンをクリックすると，特定のフォントやスタイルなどを指定して**書式検索**を行うこともできます。

〔オプション（L）〕ボタンをクリックすると，検索オプションの項目が非表示に戻ります。

Lesson 3 ルビや囲い文字を利用する

学習のポイント ● ルビや囲い文字など，拡張書式の利用方法を学びます。

次のような文書を作成，保存，印刷しましょう。

完成例

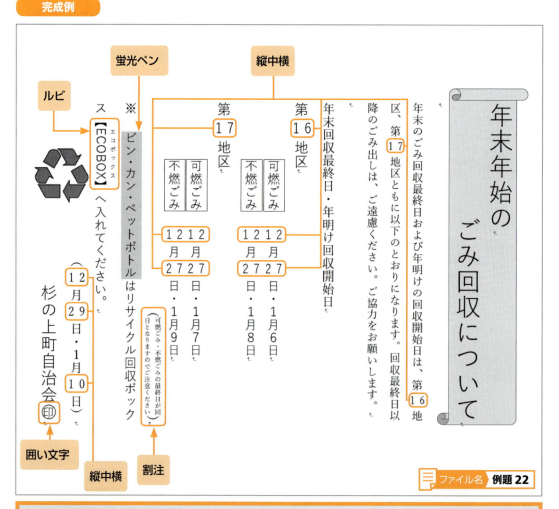

ファイル名　例題22

ページ設定

用紙サイズ	A4	印刷の向き	横	余白	上・下 25mm　左・右 23mm
文字数	42	行数	44		

PART6 Lesson 3 ルビや囲い文字を利用する

1 ▶▶ 拡張書式とは

　Wordでは，特別な書式を設定することで文字にルビをふったり，囲いのついた文字を作成することができます。このような機能のことを**拡張書式**と呼びます。

　ここでは，以下の4つの拡張書式について学びます。

① **ルビ** …… 文字にふりがなをつける機能です。
② **囲い文字** …… ㊙や㊖のように，文字のまわりに囲いの線をつける機能です。囲い文字は，文字装飾の Ⓐ〔囲み線〕とは機能が異なり，囲む形を選択して，全角1文字（半角2文字）分だけを囲むものです。
③ **縦中横** …… 縦書きの文書の中で一部の文字を横書きにする機能です。
④ **割注** …… 1行の中に，文字を小さくして2行の文章を入力する機能です。文章に注釈を入れるときなどに使われます。

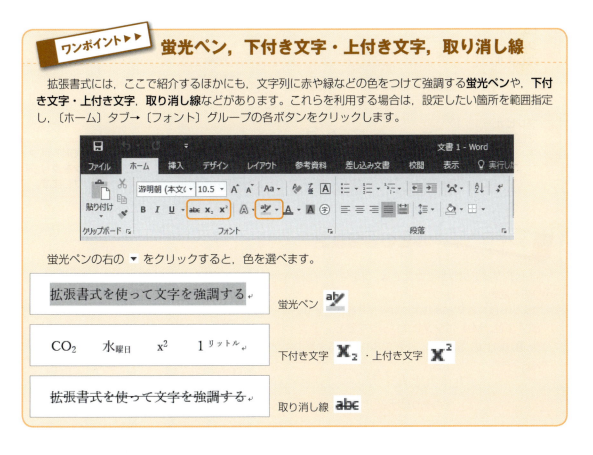

ワンポイント ▶▶ 蛍光ペン，下付き文字・上付き文字，取り消し線

　拡張書式には，ここで紹介するほかにも，文字列に赤や緑などの色をつけて強調する**蛍光ペン**や，**下付き文字・上付き文字**，**取り消し線**などがあります。これらを利用する場合は，設定したい箇所を範囲指定し，〔ホーム〕タブ→〔フォント〕グループの各ボタンをクリックします。

蛍光ペンの右の ▼ をクリックすると，色を選べます。

2 ▶▶ 拡張書式の使い方

拡張書式の設定方法は，以下のとおりです。

ルビ

1. ルビをふる文字「ECOBOX」を範囲指定します。
2. 〔ルビ〕ボタンをクリックします。

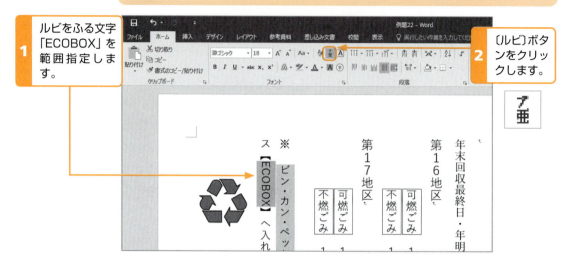

〔ルビ〕ダイアログボックスが表示されます。

3. 「エコボックス」と入力します。
4. プレビューを確認します。
5. 〔OK〕ボタンをクリックします。

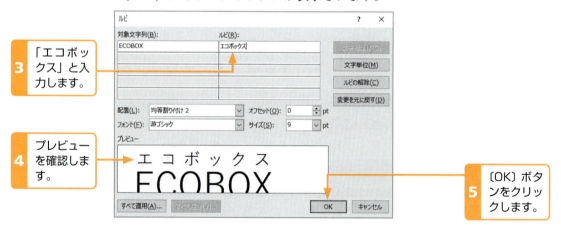

ワンポイント▶▶ ルビの各種設定

〔ルビ〕ダイアログボックスでは，ルビのフォントやサイズ，オフセット（ルビと文字との間隔）や，ふり方を変更することもできます。
・フォントは，本文と同じような操作で設定します。
・〔文字単位（M）〕ボタンをクリックすると，1文字ごとにルビをふることができます。
・〔配置（L）〕の ∨ では，ルビのふり方を5種類の中から選択できます。

（例）　

均等割り付け2　　　　　中央揃え

PART 6 Lesson 3 ルビや囲い文字を利用する

囲い文字

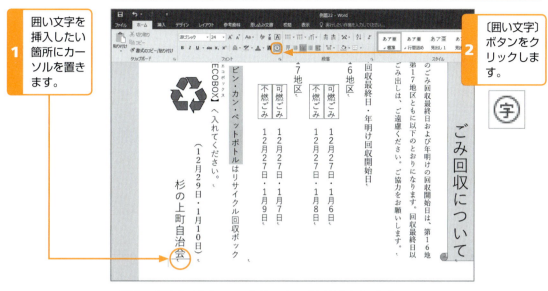

1 囲い文字を挿入したい箇所にカーソルを置きます。

2 〔囲い文字〕ボタンをクリックします。

〔囲い文字〕ダイアログボックスが表示されます。

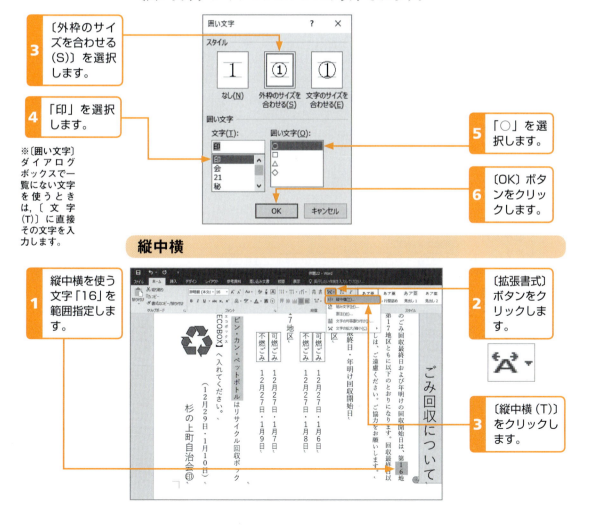

3 〔外枠のサイズを合わせる(S)〕を選択します。

4 「印」を選択します。

※〔囲い文字〕ダイアログボックスで一覧にない文字を使うときは、〔文字(T)〕に直接その文字を入力します。

5 「○」を選択します。

6 〔OK〕ボタンをクリックします。

縦中横

1 縦中横を使う文字「16」を範囲指定します。

2 〔拡張書式〕ボタンをクリックします。

3 〔縦中横(T)〕をクリックします。

〔縦中横〕ダイアログボックスが表示されます。

※文字の間隔などによっては，プレビューにきちんと表示されない場合があります。

4 プレビューを確認します。

5 〔OK〕ボタンをクリックします。

割注

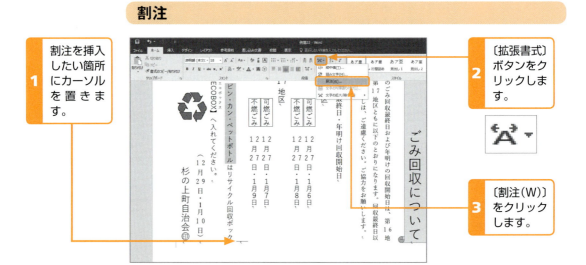

1 割注を挿入したい箇所にカーソルを置きます。

2 〔拡張書式〕ボタンをクリックします。

3 〔割注(W)〕をクリックします。

〔割注〕ダイアログボックスが表示されます。

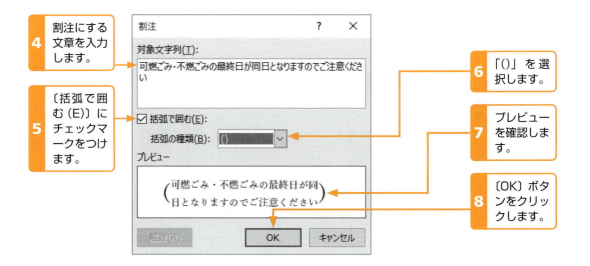

4 割注にする文章を入力します。

5 〔括弧で囲む(E)〕にチェックマークをつけます。

6 「()」を選択します。

7 プレビューを確認します。

8 〔OK〕ボタンをクリックします。

PART 6 Lesson 3 ルビや囲い文字を利用する

やってみよう! 34 ▶▶ 拡張書式の利用 1

拡張書式を使って，以下の文を作成しましょう。

完成例

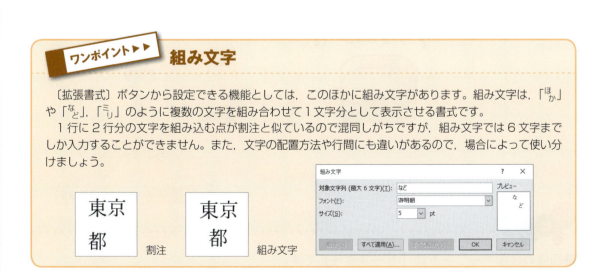

ファイル名 やってみよう34

ワンポイント ▶▶ 組み文字

　〔拡張書式〕ボタンから設定できる機能としては，このほかに組み文字があります。組み文字は，「ほか」や「など」，「㍉」のように複数の文字を組み合わせて1文字分として表示させる書式です。
　1行に2行分の文字を組み込む点が割注と似ているので混同しがちですが，組み文字では6文字までしか入力することができません。また，文字の配置方法や行間にも違いがあるので，場合によって使い分けましょう。

やってみよう！35　拡張書式の利用 2

次のような文書を作成しましょう。

完成例

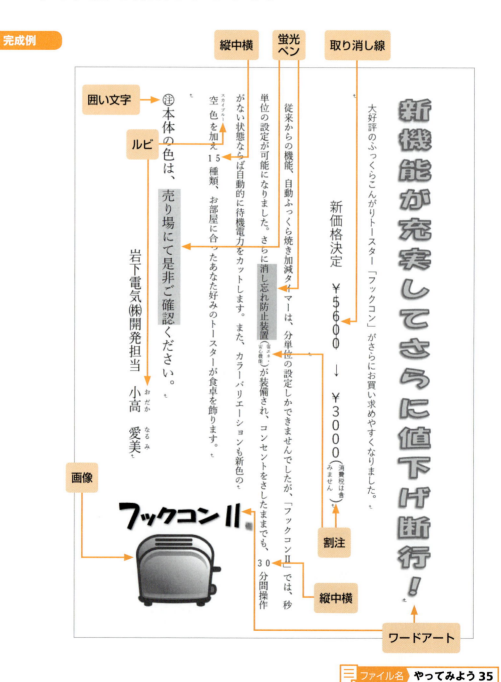

ファイル名　やってみよう35

ヒント

● 画像の検索キーワードは「トースター」です。

Lesson 4 段組みを設定する

学習のポイント ● 段組みの設定方法を学びます。

例題 23 「やってみよう！6」を2段組みに変更しましょう。

完成例

　管理者なきネットワーク、インターネット（The Internet）。それは、国境を越えたコミュニケーションを手軽なものにした。それと同時に、インターネットを利用した犯罪が問題となっている。顔の見えない相手とのコミュニケーションが、インターネットでのコミュニケーションだといっても過言ではない。個人が特定されないようニックネームを利用したコミュニケーション。個人情報の大切さを再確認しなければならない。ホームページなどでも、個人の特定が可能な写真や情報を掲示しているものもあり、注意が必要だ。自宅にいながら多くの人とのコミュニケーションからさまざまな商品の購入まで可能だが、その危険性について常に念頭においた利用が、インターネットでは大切なことである。

ファイル名 **例題23**

1 ▶▶ 段組みの変更

　文章の組み方を変更したい場合は，**段組み**の設定を変更します。通常の文書は，端から端まで文を流す1段組みに設定されています。Wordでは，段数を自由に設定することが可能です。1段の文字数や，段どうしの間隔も自由に設定できるほか，1段組みの文書の中に2段組みの文章を入れるなど，異なった段組みを組み合わせることも可能です。

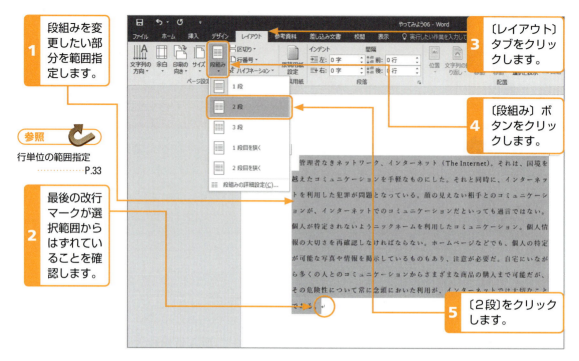

指定した範囲が 2 段組みに変更されます。

PART 6 Lesson 4 段組みを設定する

やってみよう！36 ▶▶ 段組みの利用 1

「やってみよう！14」の文書を次のように編集しましょう。

完成例

いつもチクタク動いている、学校にある大きな時計。ゼンマイを毎朝キチンと同じ時間に巻いている。毎時間、大きな音で時を告げている。しかし誰がこの時計のゼンマイを巻いてくれているのだろう。どうしても知りたくて朝早く学校へ登校してみた。すると、教頭の相守先生が朝一番に学校へ来て巻いていたのだった。

話に聞くと相守教頭先生とこの時計は、同じ年にこの学校へ着任したそうだ。そしてこの前、相守教頭先生の離任式が行われた。毎朝キチンとゼンマイを巻いてくれる人はこの3月で次の学校へと異動していく。誰がこれからこの時計のゼンマイを巻くのだろう。心配をしているとその着任式に金色に光るあのゼンマイを校長先生が長いクサリとともに首から提げているではないか。これからも大きな時計は、毎時間私たちに時を知らせてくれるだろう。

ファイル名 やってみよう36

やってみよう！37 ▶▶ 段組みの利用 2

「例題 20」の文書に次のような文章を追加して入力し，段組みを設定しましょう。

完成例

平成〇〇年3月2日

第4地区町会会員各位

富士見町会　会長
髙嵜幸次郎

春のバスツアーのご案内

少しずつ暖かくなってきました。今年も恒例の「お花見バスツアー」を実施いたします。家族皆様お誘いあわせの上ご参加いただきますよう、心よりお待ち申し上げております。

なお、ご参加申し込みにつきましては、3月15日までに会計係飯田まで、参加費用を添えてお申し込みいただきますようお願い申し上げます。

実　施　日　4月5日　AM7：30　第4地区集会所前に集合
会　　　費　大人1人￥4,500　（中学生以下は￥1,800）
コ　ー　ス　集会所出発→花山公園（園内散策）→桃源郷（和食処・昼食）

　　※バス・お食事の予約の都合上、4月に入りましてのキャンセルは会費の返還ができませんので、ご了承ください。

今年度旅行幹事
柴田　恭子

花山公園

段組み →

　昨年に引き続き今年も桜の名所、花山公園を訪れます。今年は、3月25日に開店したばかりの園内にある和食処「桃源郷」で昼食をとる計画を立てました。
　特に今回は「桃源郷」自慢の「春の風御膳」です。ふきのとう、筍の天ぷら、いいだこ（生）、馬肉のすき焼き（桜だから？）と、旬の食材をふんだんに使ったまさしく春を満喫できるお食事となることでしょう。なお、当日のお飲み物は飲み放題になっております。

ファイル名　**やってみよう37**

PART 6 Lesson 4 段組みを設定する

やってみよう！38 ▶▶ 段組みの利用 3

「やってみよう！32」の文書に次のような段組みを設定しましょう。

完成例

段組み

ファイル名 やってみよう38

 **ショートカットキーをもっとおぼえよう**

　ショートカットキーは，p.63で紹介した4つのほかにも数多くあります。マウスでの文書作成に慣れてきたら，今度はショートカットキーでの文書作成にチャレンジしてみましょう。以下は，主な操作のショートカットキー一覧です。よく行う操作からおぼえていきましょう。

文字の装飾

操作	キー
太字	Ctrl キー + B キー
斜体	Ctrl キー + I キー
下線	Ctrl キー + U キー
フォント設定	Ctrl キー + D キー

書式設定

操作	キー
左揃え	Ctrl キー + L キー
中央揃え	Ctrl キー + E キー
右揃え	Ctrl キー + R キー

編集

操作	キー
コピー	Ctrl キー + C キー
切り取り	Ctrl キー + X キー
貼り付け	Ctrl キー + V キー
すべて選択	Ctrl キー + A キー
元に戻す	Ctrl キー + Z キー
やり直し	Ctrl キー + Y キー
検索	Ctrl キー + F キー
置換	Ctrl キー + H キー
ジャンプ	Ctrl キー + G キー

ファイル操作

操作	キー
新規作成	Ctrl キー + N キー
ファイルを開く	Ctrl キー + O キー
文頭へ移動	Ctrl キー + Home キー
文末へ移動	Ctrl キー + End キー
印刷	Ctrl キー + P キー
上書き保存	Ctrl キー + S キー
ファイルを閉じる	Ctrl キー + W キー

PART 7

差し込み印刷をやってみよう

▶▶ Lesson 1　差し込むデータを作成する
▶▶ Lesson 2　差し込み位置を指定する
▶▶ Lesson 3　差し込み印刷を実行する

差し込むデータを作成する

学習のポイント
- 差し込み印刷のしくみを学びます。
- 必要なデータを揃え，差し込み印刷の準備をします。

 差し込み印刷の元になる文書と，宛名データを作成しましょう。

完成例

▼差し込み元の文書（メイン文書）

平成〇〇年１１月３日

滝上へらぶな会
会長　海老川　正則

創立５０周年記念式典

拝啓　暮秋の候、会員の皆様におかれましては、ますます御健勝のこととお慶び申し上げます。日頃は大変お世話になっております。
　さて、今年で滝上へらぶな会も創立５０周年を迎えることになりました。これもひとえに、会員の皆様の日頃からのご支援の賜物でございます。これを記念しまして、下記のとおり「創立５０周年記念式典」を挙行いたします。万障お繰り合わせの上、ご参集くださいますようよろしくお願いいたします。

敬具

記

- 日　時　　１２月１日　　１２：００　開場
- 式　場　　池水会館　７階　暁の間
- 会　費　　¥８，０００

以上

※当日は、フォーマルな服装でお越しください。

ファイル名 例題24 差し込み元

PART 7　Lesson 1 差し込むデータを作成する

▼宛名データ（データファイル）

ふりがな（姓）	姓	ふりがな（名）	名	敬称	郵便番号	住所1	住所2
たなか	田中	ようじ	洋二	様	100-00××	東京都千代田区本町	3-3-×
かわさき	川崎	みなこ	美奈子	様	114-00××	東京都文京区元郷	4-4-×
みねやま	峯山	きょうこ	京子	様	173-00××	東京都板橋区北町	6-6-×
わたなべ	渡辺	ひろし	博司	様	162-00××	東京都新宿区山口	7-7-×

ファイル名　例題24 宛名データ

＊パソコンで住所データを扱う場合は，都道府県名から町名までを「住所1」，番地を「住所2」として，2つに分けておきます。これは，「住所1」に対応する郵便番号7桁を表すようにするためです。

1 ▶▶ 差し込み印刷とは

　案内状や招待状のように，同じ内容の文書を，宛名だけを変えて何枚も印刷したい場合は，**差し込み印刷**を行います。これは，Wordで作成した文書の中に位置を指定し，別に作成しておいたデータ内容をそこへ組み入れながら印刷する機能です。

　例題24の文書で差し込み印刷を行うと，以下のような結果になります。

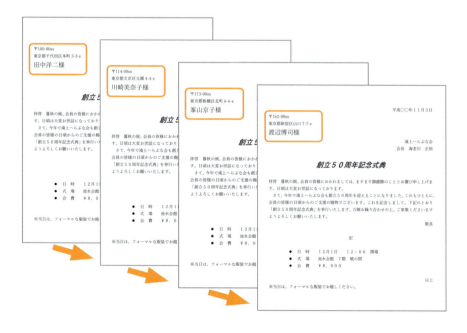

　ここでは，差し込み印刷に使う2つのファイルの作成方法を学びます。差し込み元になる文書は**メイン文書**，差し込む宛名データは**データファイル**と呼びます。まず，例題24の差し込み元の文書を完成させます。

2 ▶▶ データファイルの作成

　差し込み印刷をするためには，はじめに〔差し込み印刷〕作業ウィンドウを使ってどの文書ファイルに差し込み印刷するのかを設定して，差し込むデータを作成する必要があります。

　差し込み印刷で使用する「例題24差し込み元」ファイルを開きます。

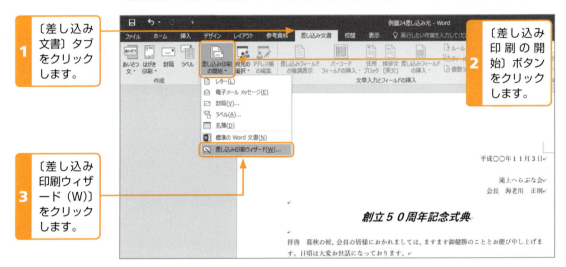

1　〔差し込み文書〕タブをクリックします。
2　〔差し込み印刷の開始〕ボタンをクリックします。
3　〔差し込み印刷ウィザード（W）〕をクリックします。

　〔差し込み印刷〕作業ウィンドウが開きます。作業ウィンドウの下欄に「手順1/6」と表示されていますが，これは作業ウィンドウが6枚あり，現在，1枚目の作業ウィンドウを表示していることを示しています。

　まず，最初に差し込み印刷を行う文書の種類を選択します。ここでは〔レター〕を選択しますが，封筒や宛名ラベルなども作成することができます。

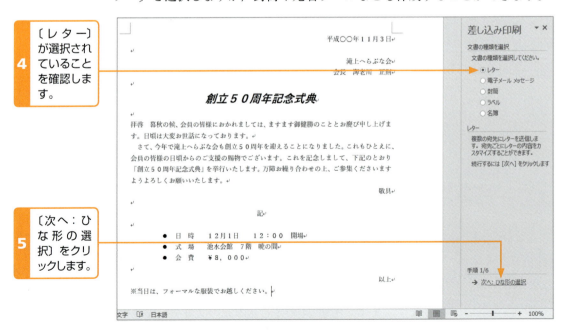

4　〔レター〕が選択されていることを確認します。
5　〔次へ：ひな形の選択〕をクリックします。

PART 7　Lesson 1　差し込むデータを作成する

次は，どの文書に差し込み印刷を行うかを選択します。ここでは，すでに文書を開いているので〔現在の文書を使用〕を選択しますが，テンプレート（p.176参照）を使って新しい文書を作成して，それを使ったり，他の文書を使ったりすることもできます。

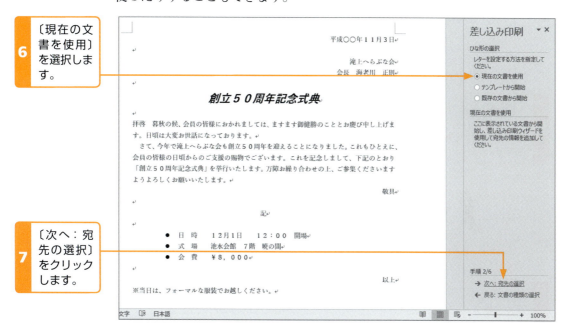

6 〔現在の文書を使用〕を選択します。

7 〔次へ：宛先の選択〕をクリックします。

使用する宛先のリストを選択します。ここでは163ページのデータを入力して使用するので〔新しいリストの入力〕を選択します。

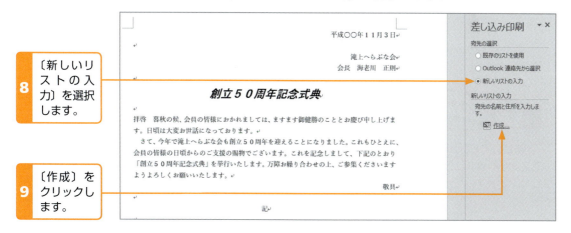

8 〔新しいリストの入力〕を選択します。

9 〔作成〕をクリックします。

ワンポイント▶▶　既存のデータファイルを使った差し込み印刷

すでに住所録などがある場合は，そのデータファイルを使って差し込み印刷をすることができます。その際，3枚目の作業ウィンドウで〔既存のリストを使用〕を選択し，〔別のリストの選択〕をクリックして既存のデータファイルを開きます。既存のデータファイルとしては，ExcelやAccessで作成したデータを利用することができます。

〔新しいアドレス帳〕ダイアログボックスが表示されます。

10 1人目のデータを各項目の欄に入力します。

11 〔新しいエントリ(N)〕をクリックします。

続いて2人目以降のデータも入力して、全部のデータを入力し終わったら保存します。

12 最後の人のデータを入力したら〔OK〕ボタンをクリックします。

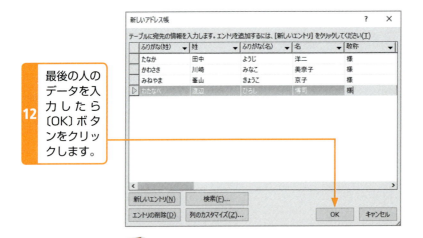

ワンポイント▶▶ 〔新しいアドレス帳〕ダイアログボックス

〔新しいアドレス帳〕ダイアログボックスは、普通のウィンドウと同じように枠をドラッグして大きさを変えられます。また、〔列のカスタマイズ(Z)〕ボタンで、列の順序を変えたり不要な項目を削除したりもできます。データの入力が楽なように工夫してみましょう。

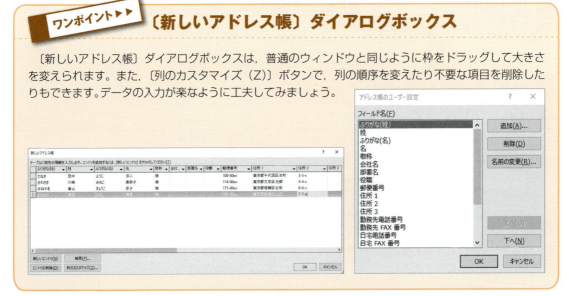

PART 7　Lesson 1 差し込むデータを作成する

〔アドレス帳の保存〕ダイアログボックスが表示されます。

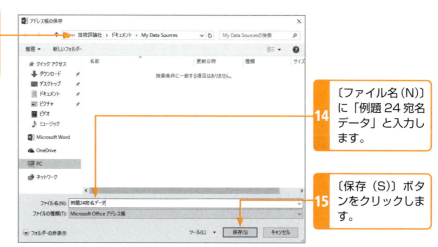

13 データを保存する場所が表示されます。

14 〔ファイル名(N)〕に「例題24宛名データ」と入力します。

15 〔保存(S)〕ボタンをクリックします。

〔差し込み印刷の宛先〕ダイアログボックスが表示されます。

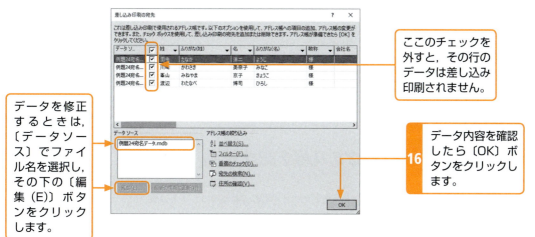

ここのチェックを外すと，その行のデータは差し込み印刷されません。

データを修正するときは，〔データソース〕でファイル名を選択し，その下の〔編集(E)〕ボタンをクリックします。

16 データ内容を確認したら〔OK〕ボタンをクリックします。

次のLesson2で引き続き差し込み位置の指定を行うので，〔差し込み印刷〕作業ウィンドウに戻ります。

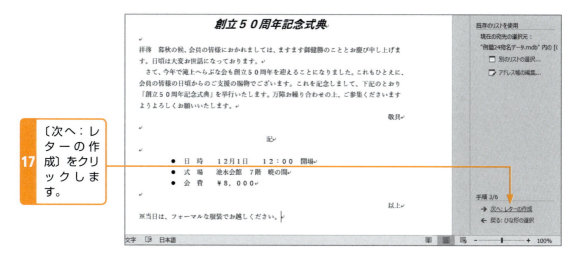

17 〔次へ：レターの作成〕をクリックします。

Lesson 2 差し込み位置を指定する

学習のポイント ●メイン文書上に，データファイルからのデータを差し込む位置や形式を指定する方法を学びます。

例題 25　「例題24宛名データ」の差し込み位置を，「例題24差し込み元」に指定しましょう。

完成例

平成〇〇年１１月３日

〒«郵便番号»
«住所_1»«住所_2»
«姓»«名»«敬称»

滝上へらぶな会
会長　海老川　正則

創立５０周年記念式典

拝啓　暮秋の候、会員の皆様におかれましては、ますます御健勝のこととお慶び申し上げます。日頃は大変お世話になっております。
　さて、今年で滝上へらぶな会も創立５０周年を迎えることになりました。これもひとえに、会員の皆様の日頃からのご支援の賜物でございます。これを記念しまして、下記のとおり「創立５０周年記念式典」を挙行いたします。万障お繰り合わせの上、ご参集くださいますようよろしくお願いいたします。

敬具

記

- 日　時　　１２月１日　　１２：００　開場
- 式　場　　池水会館　７階　暁の間
- 会　費　　¥８，０００

以上

※当日は、フォーマルな服装でお越しください。

ファイル名　例題25

PART 7　Lesson 2 差し込み位置を指定する

1 ▶▶ 差し込み位置の指定

　　差し込み元の文書にLesson1で作った宛名のデータを差し込む位置を指定しましょう。そのためには、宛名データのそれぞれの項目を差し込む位置に「差し込みフィールド」を挿入します。「差し込みフィールド」は、データの項目（フィールド）名を「《」と「》」で囲んだもので、挿入後は普通の文字と同じようにフォントやサイズなどの変更も自由にできます。
　　まず、郵便番号を差し込む位置を指定しますが、郵便番号の前に「〒」マークを入れたいので、最初に「〒」を入力して、次に郵便番号のフィールドを挿入します。

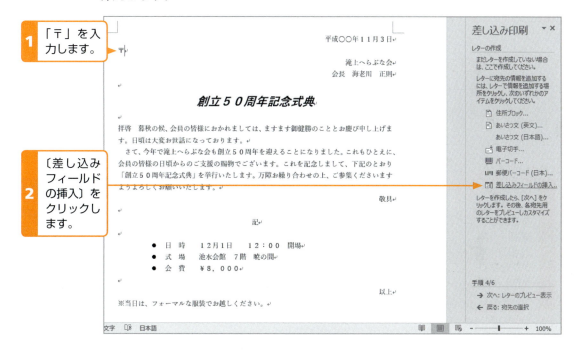

〔差し込みフィールドの挿入〕ダイアログボックスが表示されます。

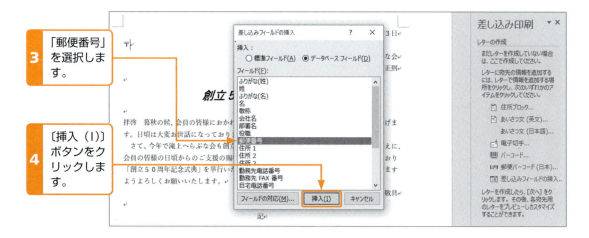

「〒」の後に「《郵便番号》」が挿入されました。この「《郵便番号》」が，郵便番号の差し込みフィールドで，印刷時にはここに郵便番号のデータが表示されます。次に，住所を差し込む場所を作るために元の文書を編集しなければならないので，いったん〔差し込みフィールドの挿入〕ダイアログボックスを閉じましょう。

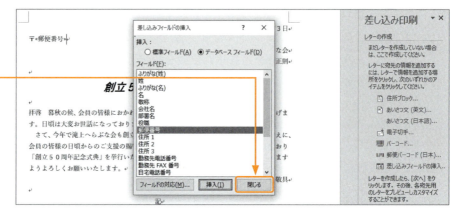

5 〔閉じる〕ボタンをクリックして，ダイアログボックスを閉じます。

Enter キーを押して改行し，住所の入るスペースを作ります。

再び，〔差し込みフィールドの挿入〕をクリックして，〔差し込みフィールドの挿入〕ダイアログボックスを表示させましょう。

6 「住所1」，「住所2」をそれぞれ選択→〔挿入（I）〕ボタンをクリックして挿入します。

7 〔閉じる〕ボタンをクリックします。

改行し，同様にして「《姓》」，「《名》」，「《敬称》」を挿入します。挿入できたら，フォントサイズを変更しましょう。

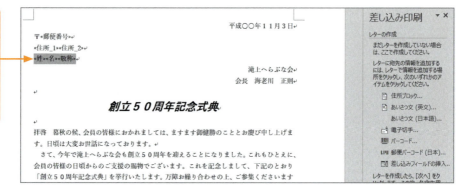

8 「《姓》《名》《敬称》」をドラッグして範囲指定し，その上で右クリックします。

PART 7　Lesson 2 差し込み位置を指定する

選択した文字の上で右クリックすると，ミニツールバーが表示されるので，これを使ってフォントサイズを変更しましょう。

9 フォントサイズを「16」に変更します。

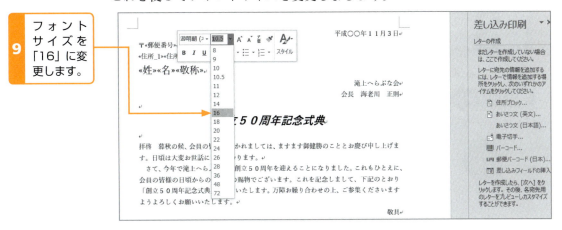

「《姓》《名》《敬称》」のフォントサイズが変更されました。

10 フォントサイズが変わっていることを確認します。

11 〔次へ：レターのプレビュー表示〕をクリックします。

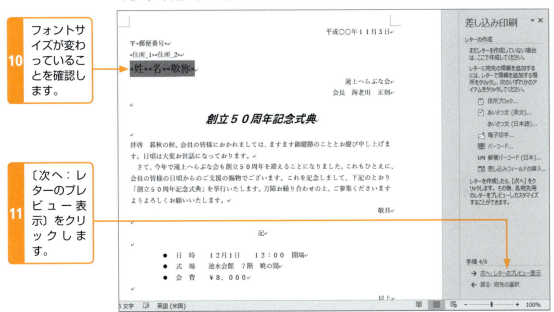

変更を確認できたら，次のLesson 3で差し込み印刷を実行しましょう。

ワンポイント　ミニツールバー

　選択された文字の上などで右クリックすると，ショートカットメニューと同時にミニツールバーが表示されます。ミニツールバーを使用すると，フォントの種類や大きさ，色などを変更する際に，そのつど〔ホーム〕タブをクリックする必要がなくなり，効率的に作業を進めることができます。

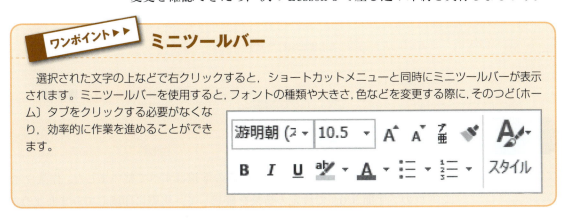

Lesson 3 差し込み印刷を実行する

学習のポイント ● 作成したデータを使って差し込み印刷を実行します。

例題 26 「例題 24」の差し込み印刷を実行しましょう。

完成例

ファイル名 例題 26

1 ▶▶ 差し込み印刷の実行

　Lesson 2 までの作業で，差し込み印刷の準備はすべて整いました。作業ウィンドウの「手順 5/6」で設定の結果を確認して，実際に印刷してみましょう。

PART 7　Lesson 3 差し込み印刷を実行する

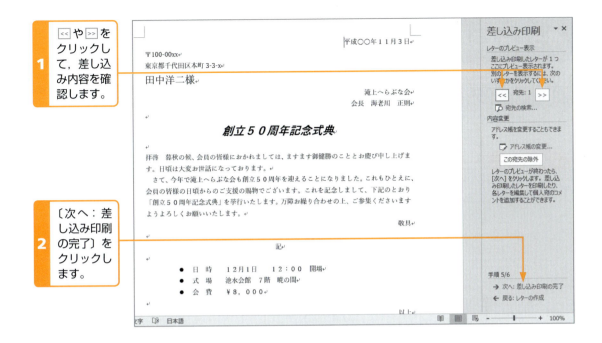

最後の作業ウィンドウで〔印刷〕をクリックすると，〔プリンターに差し込み〕ダイアログボックスが表示されます。

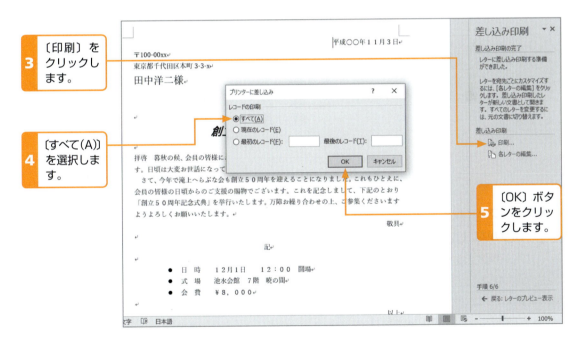

さらに〔印刷〕ダイアログボックスが表示されるので，〔OK〕ボタンをクリックすると，印刷を開始します。きちんと印刷されたことを確かめたら〔差し込み印刷〕作業ウィンドウを閉じます。

上書き保存を行ってからメイン文書を閉じましょう。

やってみよう！39　差し込み印刷

「やってみよう！18」の文書に「級」や「氏名」などを差し込んで印刷しましょう。

完成例

▼メイン文書

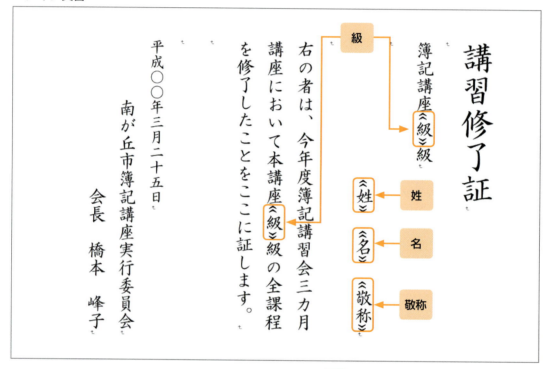

ファイル名　やってみよう39 差し込み元

▼データファイル

ふりがな（姓）	姓	ふりがな（名）	名	敬称	級
しげいずみ	重泉	じゅんこ	淳子	殿	一
たかやなぎ	高柳	けいじ	啓二	殿	二
すずき	鈴木	ちえこ	千恵子	殿	三
あらい	新井	しんのすけ	慎之介	殿	一
いいやま	飯山	さよこ	小夜子	殿	二
まえかわ	前川	ゆうじ	雄二	殿	三

ファイル名　やってみよう39 宛名データ

PART 8

文書のひな形を活用しよう

▶▶ **Lesson 1**　テンプレートを使う
▶▶ **Lesson 2**　文書作成ウィザードを使う

Lesson 1 テンプレートを使う

学習のポイント
- テンプレートの利用方法を学びます。
- 文書を，テンプレートとして保存する方法を学びます。

例題 27　テンプレートを使って次のような FAX 送付状を作成しましょう。

完成例

```
東京都久留米市神岡町3－3－X
電話番号：0424-77-33XX
FAX 番号：0424-77-33XX

                            久留米商事株式会社

FAX

送付先：    黒岩　美由紀        発信元：    富山　和夫
FAX 番号： ０３－３３３３－XXXX  送付枚数：[送付枚数を入力]
電話番号： [受取人の電話番号を入力] 日付：    2015.12.1
件名：     [テキストを入力]       配布先：  [テキストを入力]

  □ 至急  □ ご参考まで  □ ご確認ください  □ ご返信ください  □ ご回覧ください

連絡事項：
[連絡事項を入力]
```

PART 8　Lesson 1 テンプレートを使う

1 ▶▶ テンプレートとは

　Wordでは，よく使われる文書（社内文書やレポート，メモ用紙など）のテンプレート（ひな形）をダウンロードして使うことができます。これを活用しましょう。なお，テンプレートの検索やダウンロードをするときにはインターネットに接続されている必要があります。

　まず，Wordを起動したときや，新規文書の作成のときに表示されるテンプレート選択画面で，テンプレートを検索します。

1 キーワードの「Fax」を入力します。

2 〔検索〕ボタンをクリックします。

　キーワードに当てはまるテンプレートの一覧が表示されるので，使いたいテンプレートを探します。

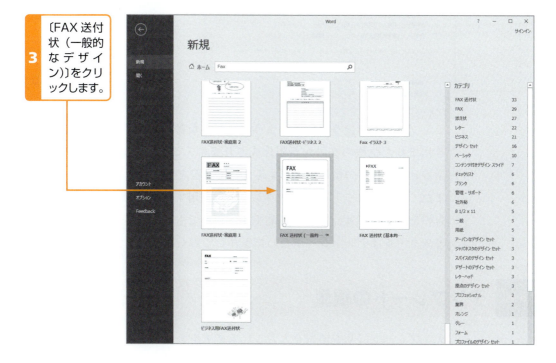

3 〔FAX送付状（一般的なデザイン）〕をクリックします。

177

選択したテンプレートのプレビューが表示されます。

4 〔作成〕ボタンをクリックします。

必要なら，このボタンで別のテンプレートを表示できます。

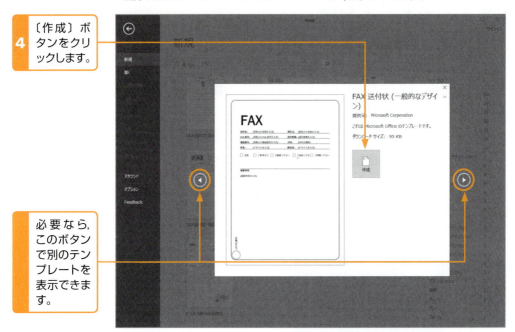

〔FAX 送付状（一般的なデザイン）〕のテンプレートを利用した文書が新規作成されました。

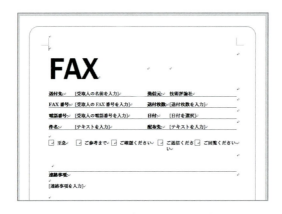

　テンプレートを使うと，このように，必要な書式やスタイルがあらかじめ書き込まれた状態の文書が新規作成されます。これに自分の名前や会社名，電話番号など独自の情報を入力するだけで文書を完成できます。
　また，ダウンロードしたテンプレートを利用するだけでなく，オリジナルのものを作成して使うことも可能です。何度でも利用できるので，よく使う文書スタイルはテンプレートとして保存しておくと便利です。

2 ▶▶ テンプレートの編集

　テンプレートに基本情報を入力し，スタイルを変更しましょう。

PART 8 Lesson 1 テンプレートを使う

「送付先」や「FAX 番号」など，必要な情報を入力します。

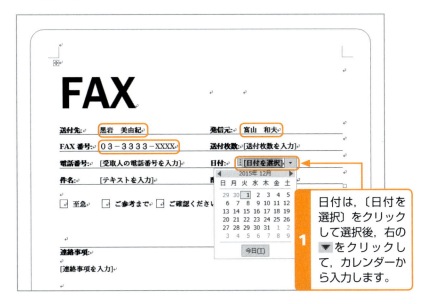

表の体裁を整えましょう。まず，「□至急」～「□ご回覧ください」を「游明朝」「斜体」に変更します。

「□ご返信ください」が1行に入りきらず2行になってしまっているので，幅を調整します。

表の形や大きさ，色などの編集 …… P.100

このテンプレートは，罫線が非表示の表で作られているので，見やすくするために□をクリックして表を選択し，〔表ツール〕の〔レイアウト〕タブの〔グリッド線の表示〕ボタンをクリックして，グリッド線を表示させます。

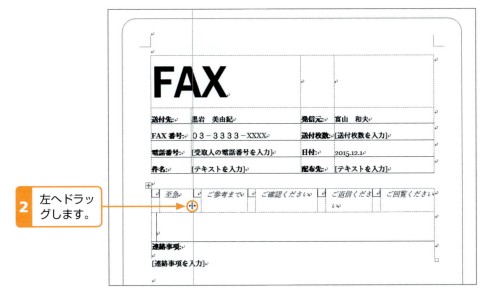

同様に，破線を順に左にドラッグして，「□至急」～「□ご回覧ください」の幅を調整します。

179

次に，上のスペースに発信元の情報を入れましょう。

1行×2列の表を挿入します。表の左側のセルに「住所」「電話番号」「FAX番号」を入力し，フォントを「游明朝」に，フォントサイズを「9」ポイントに変更します。

右側のセルに「会社名」を入力し，フォントを「HGP ゴシック E」に，フォントサイズを「14」ポイントにします。さらに，〔レイアウト〕タブ→〔配置〕グループの〔中央揃え〕ボタンをクリックして，文字の配置を中央揃えにします。次の手順で背景色を黒にします。

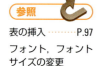
参照
表の挿入 …… P.97
フォント，フォントサイズの変更 …… P.67

参照
セル内の文字の配置 …… P.104

1 〔デザイン〕タブをクリックします。
2 〔塗りつぶし〕ボタンをクリックします。
3 「黒」を選択します。

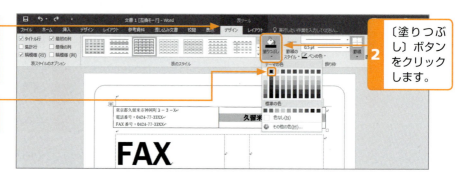

セルの間にある罫線をドラッグして幅を調整します。さらに，次の手順でまわりの罫線を消します。

参照
表の罫線の移動 …… P.100

1 〔レイアウト〕タブをクリックします。
2 〔罫線の削除〕ボタンをクリックします。
3 消したい罫線をドラッグします。

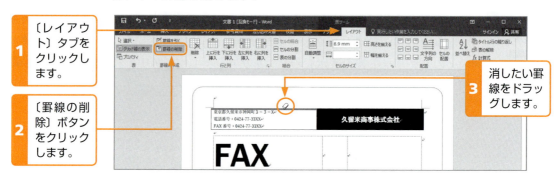

表の下に改行を入れて，本文との位置関係を調整します。

最後に，ページ左下のヘッダーとフッターを削除しましょう。フッターの図形をダブルクリックし，さらにその図形の枠線をクリックしてから Delete キーを押します。ヘッダーの日付は，範囲指定してから Delete キーを2回押して削除します。

参照
ヘッダーとフッター …… P.85

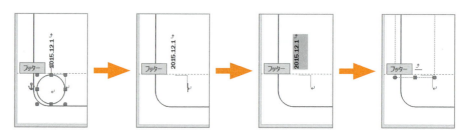

3 ▸▸ テンプレートとして文書を保存

通常の Word 文書をテンプレートとして使うためには，テンプレート形式でファイルを保存する必要があります。

まず，〔ファイル〕タブをクリックして表示される〔情報〕画面で〔名前を付けて保存〕をクリックします。

〔名前を付けて保存〕ウィンドウで，ファイルの保存場所を設定します。

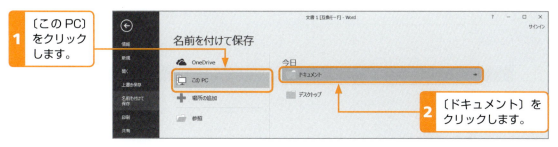

〔名前を付けて保存〕ダイアログボックスが表示されます。

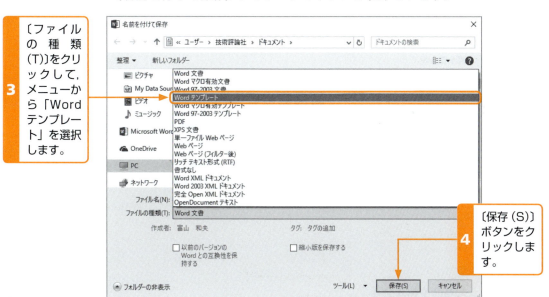

ファイル名を入力して「Word テンプレート」を選択し，〔保存(S)〕ボタンをクリックします。これで，〔ドキュメント〕内の〔Office のカスタムテンプレート〕フォルダーにテンプレートが保存されました。今後，このテンプレートを使いたいときは，アイコンをダブルクリックしましょう。

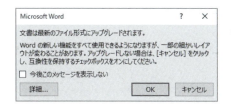

＊使用するテンプレートによっては，保存の際に左のようなダイアログボックスが表示されます。目的に応じてファイルの保存形式を選択しましょう。

やってみよう！40 ▶▶ テンプレートを使った文書作成

次のような文書を作成して，テンプレートとして保存しましょう。

完成例

```
                                          2015年12月30日

加藤商事株式会社
神奈川県相模原市青葉5丁目
042-755-00××

株式会社山内事務機
 第一営業部
 清水健介様

                新商品のご案内

拝啓　貴社ますますご盛栄のこととお慶び申し上げます。平素はひとかたならぬ御愛顧を賜
り，厚く御礼申し上げます。

　さて、このたび当社では、家庭やオフィスなど、どこでも気軽にご利用いただける携帯電
話ホルダー（全8色）を発売することになりました。ぜひ、お買い求めいただきますよう、
よろしくお願い申し上げます。

                                                    敬具


加藤商事株式会社
 営業企画部
 高橋啓一郎
 神奈川県相模原市青葉5丁目
```

ファイル名　**やってみよう40**

- テンプレートは，「レター」で検索して，〔レター（ジャパネスク）〕を使用します。
- あいさつ文は，〔挿入〕タブ→〔テキスト〕グループの〔挨拶文〕ボタンを利用します。

文書作成ウィザードを使う

学習のポイント ● ウィザードを使ったはがきの宛名印刷のしかたを学びます。

はがき宛名印刷ウィザードを活用して、年賀はがきの宛名に住所データを差し込んで印刷しましょう。

完成例

ファイル名　例題28 差し込み元

▼住所データ

ふりがな（姓）	姓	ふりがな（名）	名	敬称	郵便番号	住所1	住所2
あさだ	浅田	いちろう	一郎	様	111-××××	東京都千代田区北町	1-1-×
うえだ	植田	まさお	正雄	様	222-××××	埼玉県狭山市西町	2-2-×
こみやま	小宮山	ひろこ	寛子	様	333-××××	群馬県太田市南町	3-3-×
さえき	佐伯	なみこ	菜美子	様	444-××××	静岡県伊豆市港町	4-4-×

ファイル名　例題28 宛名データ

＊上記の宛名は架空の人名・住所です。
＊印刷する場合は、はがきではなく試し刷り用紙を使いましょう。

1 ▶▶ データファイルの作成

参照
データファイルの作成
　　　　　P.162

はがきに差し込むデータを作成しましょう。差し込み印刷と同様にデータファイルを作成します。

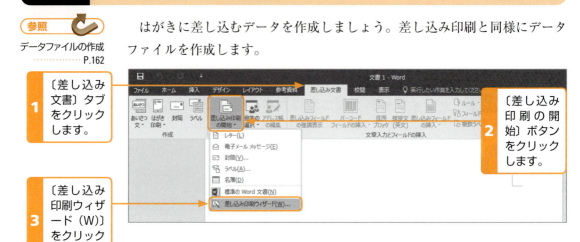

1 〔差し込み文書〕タブをクリックします。
2 〔差し込み印刷の開始〕ボタンをクリックします。
3 〔差し込み印刷ウィザード（W）〕をクリックします。

〔差し込み印刷〕作業ウィンドウが表示されます。

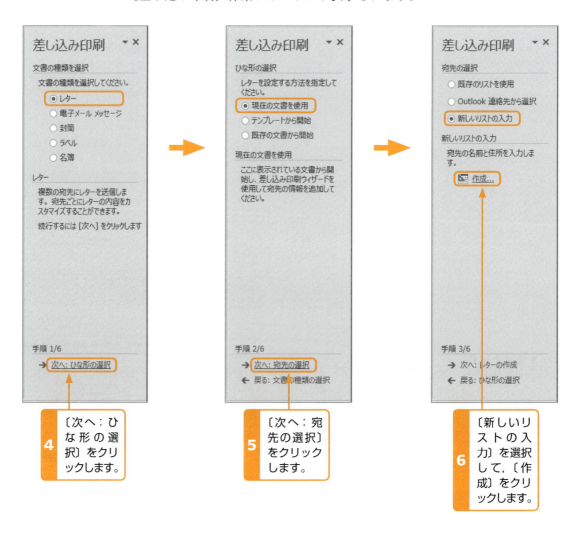

4 〔次へ：ひな形の選択〕をクリックします。
5 〔次へ：宛先の選択〕をクリックします。
6 〔新しいリストの入力〕を選択して，〔作成〕をクリックします。

PART 8　Lesson 2 文書作成ウィザードを使う

〔新しいアドレス帳〕ダイアログボックスが表示されます。

参照
アドレス帳の入力
……………P.166

宛名データを作成して，ファイル名「例題28宛名データ」で保存します。〔差し込み印刷の宛先〕ダイアログボックスが表示されますが，〔OK〕ボタンをクリックしてそのまま閉じましょう。

いったん，〔差し込み印刷〕作業ウィンドウを閉じます。

2 はがきの宛名印刷

ウィザードの機能を使うと，差出人や宛名などの基本情報が入力された状態の文書を新規作成できます。「はがき宛名面印刷ウィザード」を起動してみましょう。

1 〔差し込み文書〕タブの〔はがき印刷〕ボタン→〔宛名面の作成(A)〕をクリックします。

「はがき宛名面印刷ウィザード」が表示されます。

2 〔次へ(N)〕ボタンをクリックします。

文面の作成

上記の場面で，〔宛名面の作成(A)〕（はがきの表側）ではなく〔文面の作成(D)〕（はがきの裏側）をクリックすると，「はがき文面作成ウィザード」が表示されます。このウィザードでは，はがきの文面やはがきのレイアウトを，いくつかのパターンの中から選ぶことができます。また，題字を選んだり，イラストを選んだりすることもできます。

画面の指示に従って選択していけば，はがきの文面が自動的に作成できるので便利な機能です。

PART 8 Lesson 2 文書作成ウィザードを使う

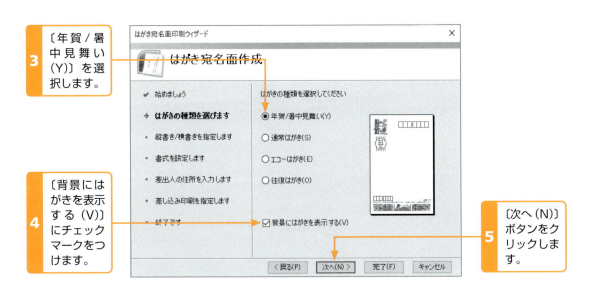

3 〔年賀/暑中見舞い(Y)〕を選択します。

4 〔背景にはがきを表示する(V)〕にチェックマークをつけます。

5 〔次へ(N)〕ボタンをクリックします。

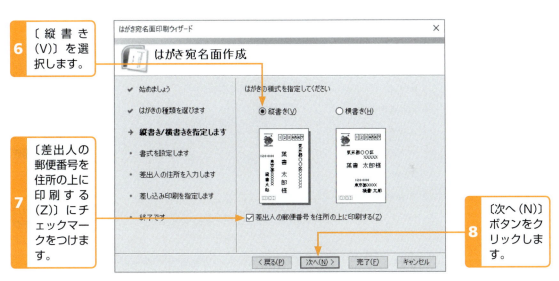

6 〔縦書き(V)〕を選択します。

7 〔差出人の郵便番号を住所の上に印刷する(Z)〕にチェックマークをつけます。

8 〔次へ(N)〕ボタンをクリックします。

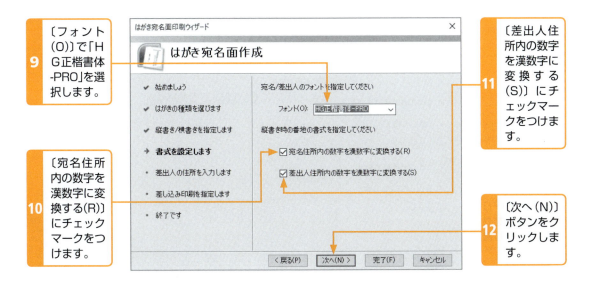

9 〔フォント(O)〕で「HG正楷書体-PRO」を選択します。

10 〔宛名住所内の数字を漢字に変換する(R)〕にチェックマークをつけます。

11 〔差出人住所内の数字を漢字に変換する(S)〕にチェックマークをつけます。

12 〔次へ(N)〕ボタンをクリックします。

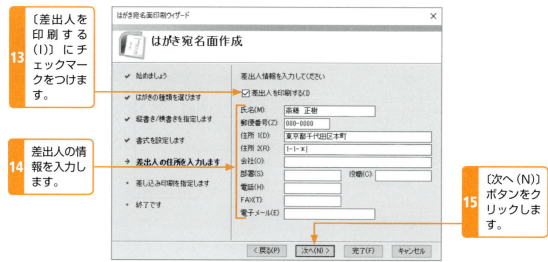

13 〔差出人を印刷する(I)〕にチェックマークをつけます。

14 差出人の情報を入力します。

15 〔次へ(N)〕ボタンをクリックします。

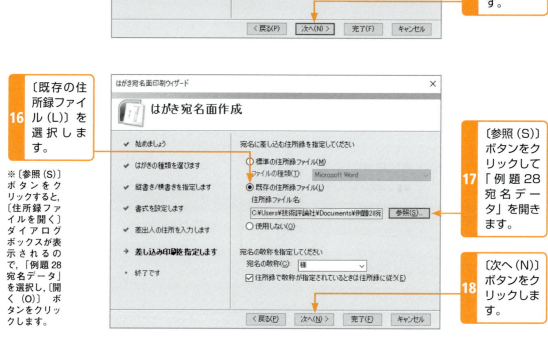

16 〔既存の住所録ファイル(L)〕を選択します。

※〔参照(S)〕ボタンをクリックすると，〔住所録ファイルを開く〕ダイアログボックスが表示されるので，「例題28宛名データ」を選択し，〔開く(O)〕ボタンをクリックします。

17 〔参照(S)〕ボタンをクリックして「例題28宛名データ」を開きます。

18 〔次へ(N)〕ボタンをクリックします。

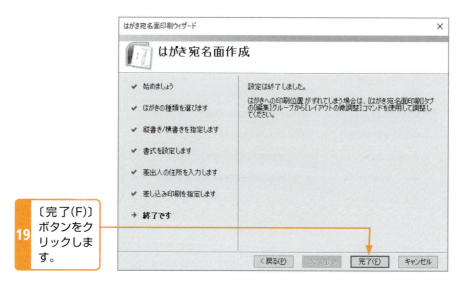

19 〔完了(F)〕ボタンをクリックします。

PART 8　Lesson 2 文書作成ウィザードを使う

情報の入力されたはがき文書のプレビューが自動的に表示されます。

20 ◀〔前のレコード〕ボタンや▶〔次のレコード〕ボタンで内容を確認します。

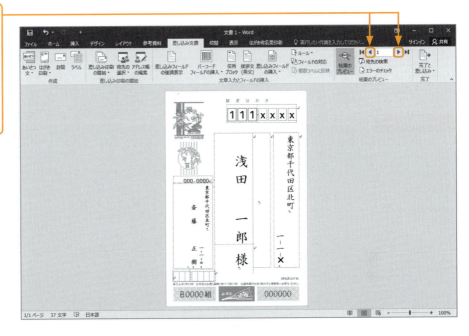

確認ができたら，印刷を行います。

21 〔完了と差し込み〕ボタンをクリックします。

22 〔文書の印刷(P)〕をクリックします。

〔プリンターに差し込み〕ダイアログボックスが表示されます。

23 〔すべて(A)〕を選択します。

24 〔OK〕ボタンをクリックします。

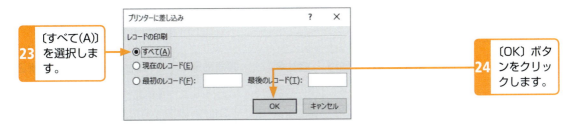

〔印刷〕ダイアログボックスが表示されるので，〔OK〕ボタンをクリックすると，宛名の印刷がはじまります。

プリンターにははがきがセットされていることを確認してから，〔印刷〕を実行してください。

最後に，保存してから，はがき文書を閉じます。

やってみよう！41 ウィザードを使った文書作成

「はがき宛名面印刷ウィザード」を使って，普通はがきの宛名に以下の住所データを差し込んで印刷しましょう。

完成例

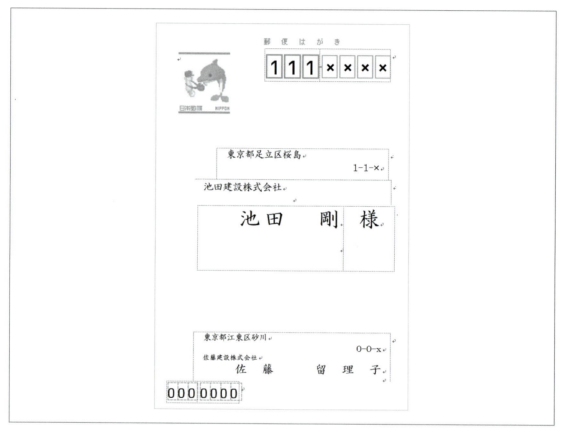

ファイル名　やってみよう41 差し込み元

▼住所データ

ふりがな(姓)	姓	ふりがな(名)	名	敬称	会社名	郵便番号	住所1	住所2
いけだ	池田	つよし	剛	様	池田建設株式会社	111-××××	東京都足立区桜島	1-1-×
えんどう	遠藤	たかこ	隆子	様	東洋家具株式会社	222-××××	東京都東村山市新町	2-2-×
おだ	小田	ただお	忠雄	様	株式会社東日本総建	333-××××	埼玉県熊谷市峰山町	3-3-×
たみおか	民岡	よしじ	義次	様	熊谷木材所	444-××××	群馬県藤岡市川中	4-4-×
なかの	中野	ありさ	亜里紗	様	中野工業株式会社	555-××××	千葉県市川市本町	5-5-×

ファイル名　やってみよう41 宛名データ

PART 9

少し複雑な文書を作成しよう

▶▶ **Lesson 1**　**SmartArt** グラフィックを挿入する（1）
▶▶ **Lesson 2**　**SmartArt** グラフィックを挿入する（2）
▶▶ **Lesson 3**　複数の文書を関連づける

Lesson 1 SmartArt グラフィックを挿入する（1）

学習のポイント ● SmartArt グラフィックの利用方法を学びます。

例題 29　「やってみよう！12」の文書に次のような SmartArt グラフィックを挿入しましょう。

完成例

地区活動誌作成について

作成目的	発行期間・ページだて	編集人員	必要予算（前年資料より計算・年間）
・地区活動の活性化 ・地区年間行事の見直し ・地区活動への参加者増加	・定期発行分 　① 第1日曜日 　　A4版　6ページ 　② 第3日曜日 　　A4版　4ページ ・季節発行分 　① 4月発行分 　　新年度授業計画号 　② 7月発行分 　　夏休みイベント号 　③ 12月発行分 　　年末防犯対策号	・原稿作成　15名 ・印刷対応　5名 ・配布・発送　20名	・取材費　￥600,000 ・印刷費　￥1,200,000 ・発送費　￥450,000 ・合計　￥2,250,000

ファイル名　例題29

1 ▶▶ SmartArt グラフィックとは

　Word 2016 には，組織図やリストなどを視覚的に表現することができる SmartArt グラフィックと呼ばれる機能があります。テンプレートとして用意されているカラフルなレイアウトに文字を入力して，本格的な組織図やリストなどを手軽に作成することができます。

　「やってみよう！12」のファイルを開いて，SmartArt グラフィックを挿入しましょう。内容は入力し直すのでタイトル以外を削除して，SmartArt グラフィックを挿入したい箇所にカーソルを移動します。

PART 9 Lesson 1 SmartArt グラフィックを挿入する (1)

〔SmartArt グラフィックの選択〕ダイアログボックスが表示されます。

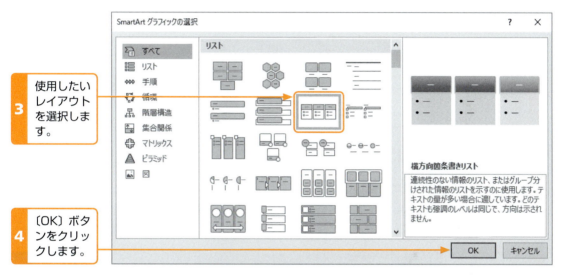

選択したスタイルの SmartArt グラフィックが挿入されます。

〔テキスト〕と表示された各図形に文字を入力するため，テキストウィンドウを表示させましょう。

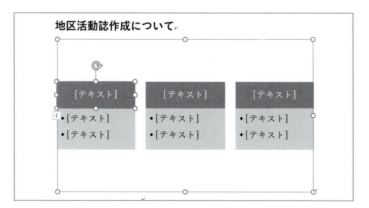

ワンポイント ▶▶ テキストウィンドウの表示方法

リボンの〔テキストウィンドウ〕ボタンをクリックする方法のほか，SmartArt グラフィックの枠線の左側にある ◁ をクリックしても，テキストウィンドウを表示させることができます。

5 〔テキストウィンドウ〕ボタンをクリックします。

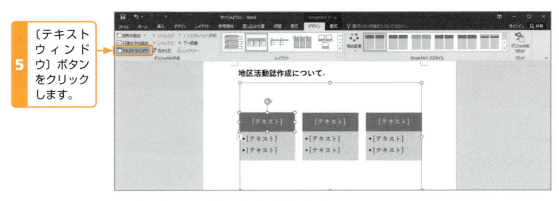

テキストウィンドウが表示されます。

6 それぞれの項目に，文字を入力します。

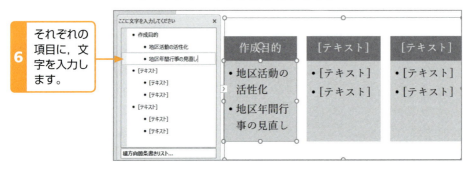

テキストウィンドウ内で Enter キーを押すと，項目を追加することができます。

7 Enter キーを押して，次の項目を表示させます。

8 〔レベル下げ〕ボタンをクリックします。

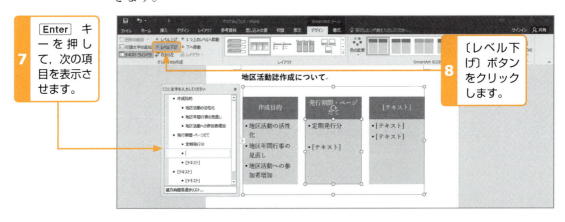

「定期発行分」の下のレベルの項目に文字を入力できるようになります。

すべての図形に文字を入力したら，テキストウィンドウの ✕ 〔閉じる〕ボタンをクリックして，いったんテキストウィンドウを閉じます。

　**図形に直接文字を入力する**

SmartArt グラフィックの図形に文字を入力する場合，テキストウィンドウを表示させなくても，図形をクリックして直接文字を入力することもできます。

2 ▶▶ SmartArt グラフィックの編集

このままでは図形が足りないので，図形を追加しましょう。「編集人員」の図形をクリックします。

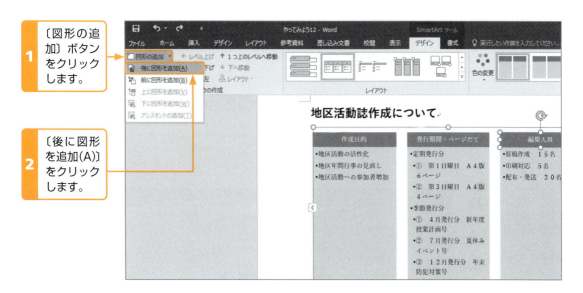

1 〔図形の追加〕ボタンをクリックします。

2 〔後に図形を追加(A)〕をクリックします。

「編集人員」の図形の右側に，新しい図形が追加されます。

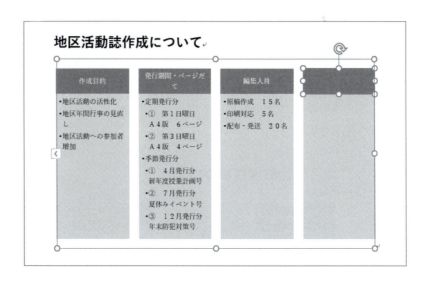

選択したレイアウトによっては，〔上に図形を追加（V）〕や〔下に図形を追加（W）〕，〔アシスタントの追加（T）〕などの操作も可能です。

必要なだけ図形を追加したら，テキストウィンドウを表示させて，それぞれの図形に文字を入力しましょう。

図形を削除する場合は，削除したい図形をクリックして Delete キーを押します。

色やスタイルを変更して、文書を仕上げます。

① 使用したいスタイルをクリックします。

SmartArtグラフィックの全体的なスタイルが変更されます。

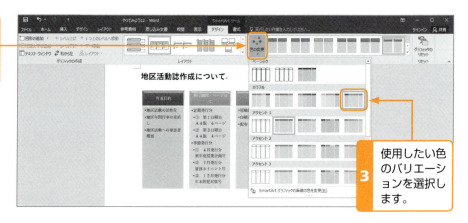

② 〔色の変更〕ボタンをクリックします。

③ 使用したい色のバリエーションを選択します。

SmartArtグラフィックの全体的な色が変更されます。

クリップアートやワードアートと同様に、枠線をドラッグしてサイズを調節しましょう。

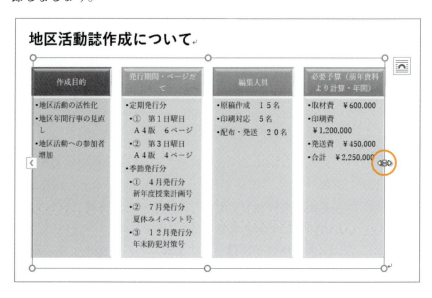

PART 9 Lesson 1 SmartArt グラフィックを挿入する（1）

やってみよう！42 ▶▶ SmartArt グラフィックのある文書 1

次のような文書を作成して，保存・印刷しましょう。

完成例

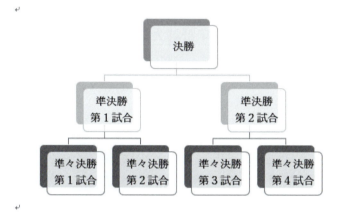

ファイル名 やってみよう42

ヒント

- SmartArt グラフィックのレイアウトは〔階層〕，スタイルは〔シンプル〕です。

SmartArt グラフィックを挿入する（2）

学習のポイント
- SmartArt グラフィックのレイアウトを変更する方法を学びます。
- SmartArt グラフィック内の図形を個別に設定する方法を学びます。

「やってみよう！42」の文書を次のように編集しましょう。

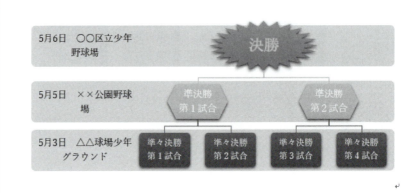

※文書の下半分は省略しています。

ファイル名 例題30

1 ▶▶ SmartArt グラフィックのレイアウト変更

「やってみよう！42」のファイルを開いて，SmartArt グラフィックで作成したトーナメント表をクリックします。

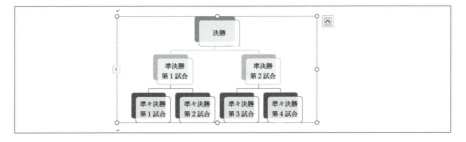

PART 9 Lesson 2 SmartArtグラフィックを挿入する (2)

*使用したいレイアウトが見つからない場合は,〔その他のレイアウト(M)〕をクリックして,すべてのレイアウトを表示しましょう。

SmartArtグラフィックのレイアウトが変更されます。

各試合の日程と場所の情報を入力しましょう。「決勝」の図形をクリックします。

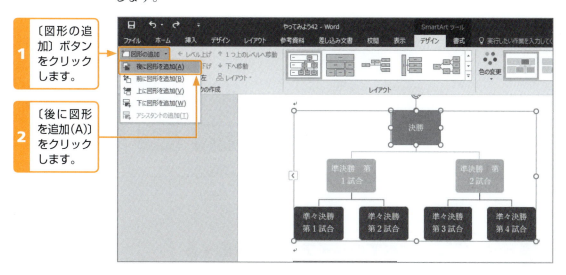

「決勝」の図形の後ろに新たな図形が追加されます。続けて,〔後に図形を追加(A)〕を2回選択して,「準決勝」「準々決勝」の後ろにも図形を追加します。テキストウィンドウを表示させて,各図形に文字を入力します。

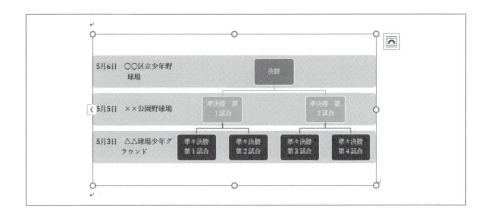

次に，スタイルを変更します。

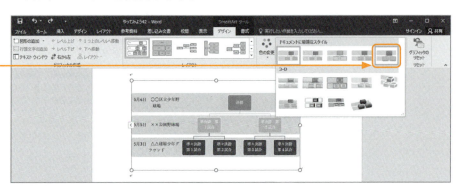

1 SmartArtのスタイルの▼をクリックし，使用したいスタイルを選択します。

SmartArtグラフィックの全体的なスタイルが変更されます。枠線をドラッグして，SmartArtグラフィックのサイズを調整します。

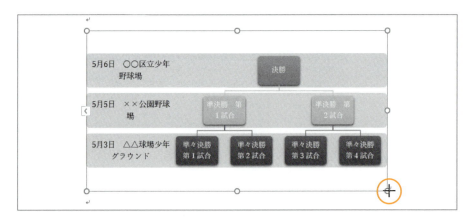

 **すべてのレイアウトを表示する**

　SmartArtグラフィックのレイアウトを変更する際，〔デザイン〕タブの〔レイアウト〕の▼をクリックしても，現在選択しているものと同じテーマのレイアウトしか表示されません。すべてのレイアウトを表示させたい場合は，〔その他のレイアウト（M）〕を選択します。

PART 9　Lesson 2 SmartArt グラフィックを挿入する（2）

2 ▶▶ SmartArt グラフィックの書式設定

　SmartArt グラフィックは，全体的なレイアウトやスタイルを変更するだけでなく，1つ1つの図形を個別に設定することもできます。

　「決勝」の図形を別の形に変更してみましょう。「決勝」の図形を選択します。

1 〔書式〕タブをクリックします。

2 〔図形の変更〕ボタンをクリックします。

3 「星24」をクリックします。

「決勝」の図形のハンドルをドラッグして，拡大します。

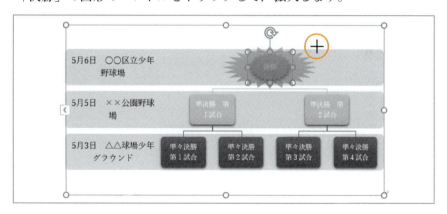

同じようにして，「準決勝」の図形も変更・拡大します。

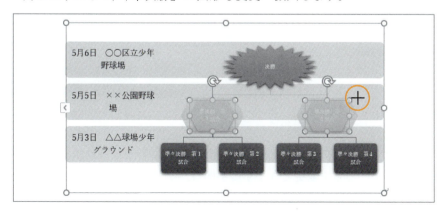

図形内の書式は，本文と同様に変更することができます。「決勝」のフォントサイズを大きくしてみましょう。「決勝」の図形をクリックします。

1 〔ホーム〕タブをクリックします。

2 ▼をクリックして，「18」を選択します。

同様にして「準決勝」，「準々決勝」の文字も大きくしておきましょう。次に，「決勝」の図形にワードアートを挿入します。

1 〔書式〕タブをクリックします。

2 〔ワードアートスタイル〕グループの▼をクリックし，使用したいスタイルを選択します。

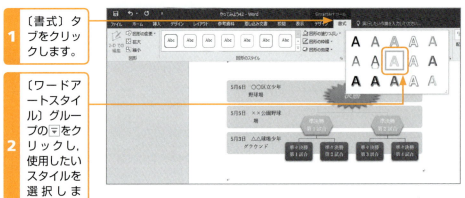

図形の位置を修正したい場合は，マウスポインタが となるところで図形をドラッグします。

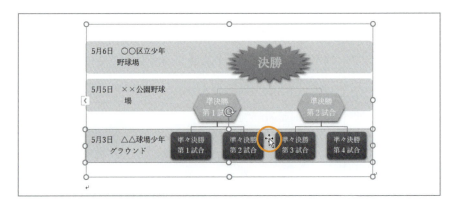

参照
図形の塗りつぶし，影 ………… P.111

このほか，塗りつぶしや罫線，影や 3-D 効果なども，図形単位で細かく設定を変更できます。手順は，クリップアートや基本図形と同様です。

PART 9　Lesson 2 SmartArtグラフィックを挿入する（2）

やってみよう！43 ▶▶ SmartArtグラフィックのある文書2

次のような文書を作成して，保存・印刷しましょう。

完成例

ファイル名　やってみよう43

- SmartArtグラフィックのレイアウトは〔フィルター〕，スタイルは〔立体グラデーション〕です。

Lesson 3 複数の文書を関連づける

学習のポイント
- ハイパーリンクと呼ばれる機能を使うと，作成中の文書に，別の場所にある文書を関連づけることができます。ここでは，その設定方法について学びます。

1 ▶▶ ハイパーリンクとは

　インターネット上でWebページを見ていると，URL（アドレス）の文字やボタンの上でマウスポインタの形が から に変わることがあります。これをクリックすると別のWebページに移動しますが，これは2つの文書が**ハイパーリンク**（単にリンクと呼ぶこともあります）の機能によって関連づけられているためです。

　ハイパーリンクでは，Webページどうしだけでなく Word 文書や画像，同じページの別の箇所などとも関連づけることができます。また，通常の Word 文書どうしでも設定することができます。

2 ▶▶ ハイパーリンクの設定

　「やってみよう！35」の文書と「やってみよう！43」の文書を関連づけてみましょう。まず，「やってみよう！35」の文書を開きます。

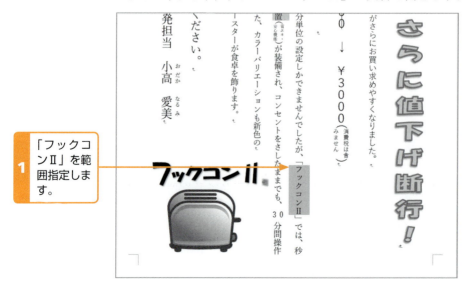

1 「フックコンⅡ」を範囲指定します。

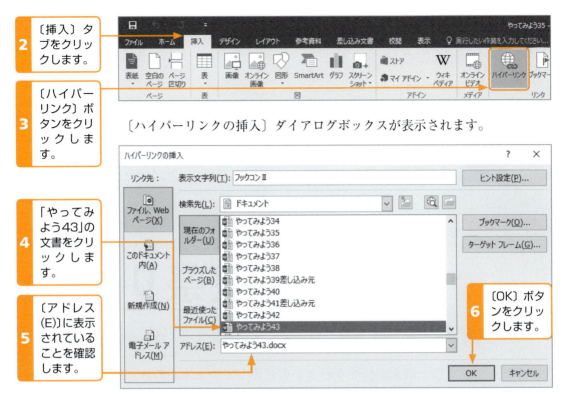

〔ハイパーリンクの挿入〕ダイアログボックスが表示されます。

ハイパーリンクが正しく設定されると，範囲指定した「フックコンⅡ」が青色に変わり，傍線（横書きの文書では下線）がつきます。

Ctrl キーを押しながら，ハイパーリンクの設定された「フックコンⅡ」をクリックすると，リンク先のファイル「やってみよう 43」が自動的に開きます。正しく設定されたことを確認したら，同じように「やってみよう！43」の文書を開いて，「フックコンⅡ」から「やってみよう！35」へのハイパーリンクも設定してみましょう。

総合チェック問題

問題 01 次のような文書を作成しましょう。

完成例

第15回　夏祭り

今年の夏祭りは、出店、子どもみこしに加えて、暑い夏にもってこいの「流しそうめん」を企画しています。さあ、三丁目団地第4広場へ集合だ！

日　時　　8月15日
　　　　　昼の部　　午後1時から
　　　　　　　　　　出店・子どもみこし・流しそうめん
　　　　　夕方の部　午後5時から
　　　　　　　　　　出店・盆踊り・大人みこし
場　所　　三丁目団地第4広場

☆流しそうめんに参加希望の方は、お椀とおはしをご持参ください。

三丁目団地親睦委員会

ファイル名　総合問題01

総合チェック問題

問題 02 次のような文書を作成しましょう。

完成例

勤続三十年記念パーティー

今年度勤続三十年を迎えられる方々を囲み、その業績を称えながら、数々のご経験やこれからの当社の方針などについての貴重なお話をいただけるよう、左記のような記念パーティーを企画いたしました。皆様ご参集いただきますよう、よろしくお願いいたします。

記

日時　二月三日　午後六時より
会場　西展紅（せいてんこう）　最上階　みやびの間
会費　八千円
（会費は、当日幹事までお支払いください）
参加申込みを十二月二十日までに申込書を幹事へご提出ください。

以上

平成〇〇年十一月十五日
幹事　総務部第一課　幸田　重雄

------------切り取り線------------

お名前（　　　　　　　　　）
所属部署（　　　　　　　　　）

ファイル名　総合問題02

問題 03 次のような文書を作成しましょう。

完成例

合唱コンクール開催について

第75回「合唱コンクール」を左記のとおり実施いたします。

参加希望団体は市役所生涯学習課までお申し込みください。

記

（日程）参加申し込み締切　9月5日

事前打ち合わせ日　10月15日　午後5時から　市役所生涯学習課まで　生涯学習課会議室

コンクール　11月3日　市民文化センター中ホール

以上

詳しくは、市役所8階市民生涯学習課　合唱コンクール企画係まで

電話（3333）××××

ファイル名　総合問題03

総合チェック問題

問題 04 次のような文書を作成しましょう。

完成例

駅前駐輪場業務日誌

平成　　　年　　　月　　　日　　　時　～　　　時
天候　　　　　　気温　　　　℃

担当者名	㊞ ㊞

利用台数		一般	学生
	月極	台	台
	一時	台	台

業務内容	
引き継ぎ事項	

確認印

生活課	班長	副班長	

※記入した日誌は、その日のうちに事務所の提出箱へ提出してください。

ファイル名　総合問題04

問題 05 次のような文書を作成しましょう。

完成例

9月下旬公園管理担当者一覧表

日付	前田	北本	岩井	住谷	上野
16	西事務所		東事務所		
17	東事務所		西事務所		
18	西事務所		東事務所		
19		西事務所		東事務所	
20		東事務所		西事務所	
21		西事務所		東事務所	
22			西事務所		東事務所
23			東事務所		西事務所
24			西事務所		東事務所
25	東事務所			西事務所	
26	西事務所			東事務所	
27	東事務所			西事務所	
28		東事務所			西事務所
29		西事務所			東事務所
30		東事務所			西事務所
備考欄	西事務所横に放置自転車が増えてきています。ご注意ください。				

- 青色が担当日と担当事務所です。
- 赤色（担当事務所の書いていないもの）は担当できない不都合日です。
- 担当日にあたった日で都合の悪い日は、個別にお話いただき交代してください。
- 担当を交代した場合は、必ず管理事務所までご連絡ください。

滝上公園管理事務所
管理運営委員会

問題 06 次のような文書を作成しましょう。

完成例

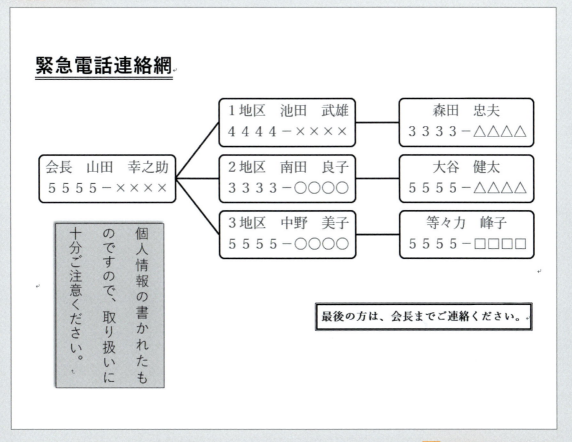

ファイル名 総合問題06

問題 07 次のような文書を作成しましょう。

完成例

　親譲りの無鉄砲で小供の時から損ばかりしている。小学校に居る時分学校の二階から飛び降りて一週間程腰を抜かした事がある。なぜそんな無闇をしたと聞く人があるかも知れぬ。別段深い理由でもない。新築の二階から首を出していたら、同級生の一人が冗談に、いくら威張っても、そこから飛び降りる事は出来まい。弱虫やーい。と囃したからである。小使に負ぶさって帰って来た時、おやじが大きな眼をして二階位から飛び降りて腰を抜かす奴があるかと云ったから、この次は抜かさずに飛んで見せますと答えた。

20 × 20

ファイル名 総合問題07

総合チェック問題

問題 08 次のような文書を作成しましょう。

完成例

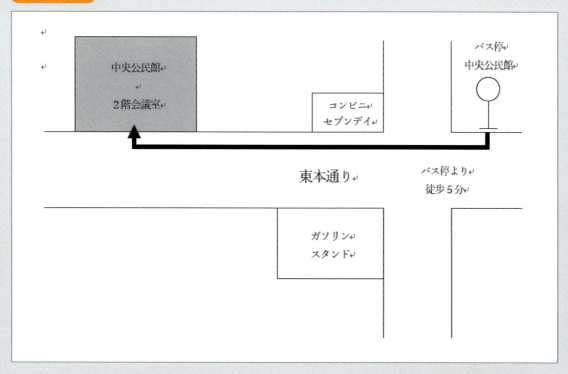

ファイル名　**総合問題08**

次のような文書を作成しましょう。

完成例

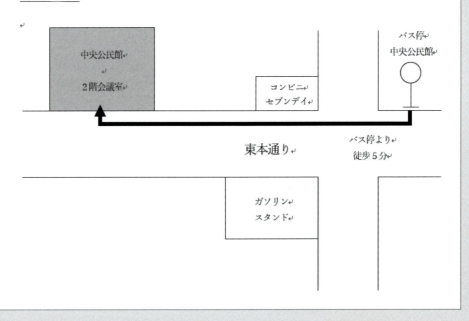

ファイル名 総合問題09

総合チェック問題

問題 10　次のような文書を作成しましょう。

完成例

引っ越しました

念願の鎌倉へ引っ越しました。海まで歩いて１０分くらいです。夏には是非遊びにいらしてください。また、お近くにお寄りの際は、是非お立ち寄りください。

新住所　〒２４８－００××
神奈川県鎌倉市南山海岸５－５－５
電話　　０４６７－５５－××××
　　　　　　　　　　北村　幹夫
　　　　　　　　　　　　裕子

ファイル名　総合問題10

問題 11 次のような文書を作成しましょう。

完成例

春季地区対抗バレーボール大会

　今年度最初の地区対抗バレーボール大会を実施いたします。日頃の練習の成果を十分発揮できますよう、各地区の選手の皆様のご参加をお待ちしております。なお、昨年度お話ししましたとおり、今年度からは6人制での参加となります。各地区の部長の方は、メンバーの調整もあわせましてご確認ください。

日　時　：　5月15日　午前9：00開会式開始
会　場　：　市立第一中学校　体育館
参加費　：　1チームあたり￥1,000の
　　　　　　エントリー料金をお支払いください。

　参加申し込み　：　4月30日までに市役所1階スポーツ振興課まで、下記申込書にエントリー料金を添えてお申し込みください。

------------------------切り取り線------------------------

参加団体名　_____

参加人数　_____人

部長氏名　_____　　連絡先住所　_____

　　　　　　　　　　　　電話番号　_____

ファイル名　総合問題11

総合チェック問題

次のような文書を作成しましょう。

完成例

▼メイン文書

ファイル名 **総合問題12 差し込み元**

▼データファイル

ふりがな(姓)	姓	ふりがな(名)	名	敬称	会社名	郵便番号	住所1	住所2
そのだ	園田	くみこ	久美子	様	園田食品株式会社	111-××××	東京都港区赤坂	1-1-×
ときわ	常盤	しずえ	静江	様	松竹食堂協同組合	222-××××	埼玉県川口市東町	2-2-×
まえだ	前田	たかゆき	孝之	様	前田商事株式会社	333-××××	埼玉県狭山市坂下	3-3-×
ときた	時田	さとし	聡志	様	株式会社時田食品	444-××××	千葉県浦安市南浜	4-4-×

ファイル名 **総合問題12 宛名データ**

問題 13 次のような文書を作成しましょう。

完成例

エレベーター点検年間予定表

今年度の4号棟エレベーターの定期点検日は、以下のとおりです。点検日当日は、**午後1時より3時までエレベーターが使用できません**のでご注意ください。

月	日	月	日
4	15	10	10
5	17	11	11
6	16	12	12
7	18	1	15
8	22	2	16
9	20	3	14

※作業の進行上、日程の変更が生じることがあります。
　その際は、別途エレベーターホールに掲示いたします。
※その他お気づきの点がございましたら、下記電話番号
　までご連絡ください。

　　　　　団地管理組合
　　　　　連絡先　０６－３３３３－××××

ファイル名 **総合問題13**

総合チェック問題

問題 14　次のような文書を作成しましょう。

完成例

> バーベキューパーティー
>
> 1．日程・場所
>   （ア）買出し
>   ①　7月29日　午後6時から
>   ②　スーパー丸得　東山店
>   ③　予算　1万5000円
>   （イ）実施日
>   ①　7月30日　午前10時出発
>   ②　東山キャンプ場　バーベキュー広場
> 2．材料
>   （ア）バーベキュー
>   ①　牛肉　2ｋｇ
>   ②　豚肉　3ｋｇ
>   ③　とうもろこし　10本
>   ④　にんじん　5本
>   ⑤　ピーマン　5個
>   ⑥　たまねぎ　5個
>   ⑦　焼き肉のたれ　2本
>   （イ）焼きそば
>   ①　キャベツ　1個
>   ②　鶏肉　300ｇ
>   ③　麺　10玉
>   （ウ）飲み物
>   ①　ビール　350ml　1箱
>   ②　ウーロン茶　2l　3本
> 3．費用
>   ①　キャンプ場使用料
>   ②　ガソリン代
>   ③　材料費
> 4．食べ物以外の持ち物
>   ①　テント・寝袋・テーブル・椅子・ゴミ袋・虫よけ・蚊取り線香
>   ②　薪・着火材
>   ③　鉄板・バーベキュー台
>
> 必要なものを大まかにあげてみました。まだ足りないものがあると思いますので、お気づきのものがありましたら付け加えてください。
>
> 幹事　田宮　修二

ファイル名　総合問題14

問題 15

「やってみよう！38」の文書を次のように編集しましょう。

完成例

平成○○年9月25日発行
桜ヶ丘町会　発行

秋の行楽シーズンの防犯対策

　お出かけの機会が増えるこの季節、防犯対策は万全ですか？　ちょっとした外出の際も、必ず施錠する習慣をつけましょう。鍵については、ピッキング対策のされたものへの交換もご検討ください。また、窓やドアが植え込みなどにより表通りから死角となる場所などは、植え込みの手入れも有効な防犯対策になります。秋の行楽シーズン、楽しいひと時を過ごせるよう、是非防犯対策の見直しをなさってください。

スポーツフェスティバル開催

　夏の暑さから少しずつ解放され、スポーツの秋がやってきました。今年も総合スポーツセンターを開放して『スポーツフェスティバル』を開催いたします。ご家族、ご友人とお誘いあわせの上、ご参加ください。

- 15kmマラソン　当日朝10：00までに参加の申し込みをしてください。
- 体力年齢測定　あなたの本当の年齢は？
- 組み体操に挑戦　1組2人以上でご参加ください。
- 護身術講座
- ミニ運動会　障害物競走・中綱引き・50m競走ほか

★当日、フェスティバル会場の受付で参加費（保険料）500円をお支払いの上、ご参加ください。

夏祭り収支決算が出ました

　8月15日に実施いたしました夏祭りの収支決算が出ました。この場をお借りして報告いたします。

収　入　　　　　　　　　単位：円

項　目	金　額
夏祭り予算	600,000
寄付金	150,000
合　計	750,000

支　出　　　　　　　　　単位：円

項　目	金　額
屋台賃借料	230,000
出店商品仕入額	170,000
警備委託料	120,000
広報・事務費	50,800
合　計	570,800
今年度残金	179,200　残金は、町会年予算へ繰り込みます。

詳細につきましては、年度末総会で報告いたします。

◆今年も皆様のご協力のおかげで、盛大な夏祭りになりました。来年もよろしくお願いいたします

　　以上　決算報告いたします。　桜ヶ丘町会　会計　篠田峰雄

ファイル名　**総合問題15**

解答編

▶▶ PART 3 ・・・・・・・・・・・・・・・ 222
▶▶ PART 4 ・・・・・・・・・・・・・・・ 225
▶▶ PART 5 ・・・・・・・・・・・・・・・ 226
▶▶ PART 6 ・・・・・・・・・・・・・・・ 228
▶▶ PART 7 ・・・・・・・・・・・・・・・ 229
▶▶ PART 8 ・・・・・・・・・・・・・・・ 230
▶▶ PART 9 ・・・・・・・・・・・・・・・ 230
　　総合チェック問題 ・・・・・・・・ 231

PART 3～9
　文書を作成する際に，ポイントとなる設定・書式を示しています。なお，問題やヒントで触れている設定・書式や簡単なものについては省略してあります。

総合チェック問題
　作成に必要な設定・書式をすべて示してあります。

　解答文の最後にある「→・○○○　p.○○」は，その問題に使用する主な機能について，学習したページを示しています。問題が解けなかったときなどは，もう一度復習してWordの基本をマスターしましょう。

　問題で指定している箇所以外の部分では，フォントやフォントサイズ，色などの設定は，各自で適宜行いましょう。

PART 3 文書を管理・作成・編集しよう

やってみよう！1
📖 P.50

- コピー・貼り付けをする文字範囲を指定するとき，マウスでの操作が難しい場合は，コピーの開始位置にカーソルを移動させ，[Shift]キーを押しながら矢印キーを押して範囲指定しましょう。また，文字の上でマウスをダブルクリックすると，その文字を含む単語を選択でき，トリプルクリック（3回連続のクリック）では，その文字を含む段落を選択できます。

→ ・文字のコピー・貼り付け p.45

やってみよう！2
📖 P.51

- スペルチェック，表現の揺らぎの修正，漢字の再変換を行います。
- 漢字の再変換は，[変換]キーまたは[スペース]キーを使っても可能です。

→ ・再変換 p.27 ・自動文章校正機能 p.48
・手動による文章校正 p.49

やってみよう！3
📖 P.53

- 新しいカタカナ言葉などは，一度に変換できない場合があります。[Shift]キー＋矢印キーを使って文節の長さを変えたり，カタカナとひらがな部分を分けてから変換すると，スムーズに入力できます。
- どうしても変換が難しい場合は，カタカナの部分をひらがなで入力し，[F7]キーを押して変換しましょう。

→ ・文節の長さの変更 p.25 ・文書の印刷 p.52

やってみよう！4
📖 P.54

- かっこは，「かっこ」と入力して変換するとさまざまな種類のかっこが入力できます。
- 英字と漢字のまざった文章で変換が難しい場合は，英字の前までで変換を終わらせ，改めて漢字を打ち始めると入力が楽になります。
- 「GHz」や「MHz」などの一般的な単位は，「ぎがへるつ」，「めがへるつ」のように読みを入力して変換することでも入力できます。

→ ・文字の入力方法 p.18, p.24 ・文書の印刷 p.52

やってみよう！5
📖 P.58

- 入力後にページ設定をすることもできますが，作業が煩雑になりがちです。入力前にページ設定を行うよう心がけましょう。

→ ・文書の印刷 p.52 ・ページ設定 p.55

やってみよう！6
📖 P.59

- 問題で指定しているページ設定以外にも，文字数や行数などを変えて，文字や行の間隔の変化を見てみましょう。
- 印刷する前に文書の保存を行うと，パソコンが動かなくなっても文書データは残ります。印刷前に保存をするよう心がけましょう。

→ ・文書の保存 p.42 ・文書の印刷 p.52
・ページ設定 p.55

やってみよう！7
📖 P.60

- 文中の空白は[スペース]キーを押して入力します。改行は[Enter]キーを押して入力します。

→ ・記号の入力 p.28 ・文書の保存 p.42
・文書の印刷 p.52 ・ページ設定 p.55

やってみよう！8

📖 P.61

- 「◆」は，「しかく」と入力して変換します。
- タイトル上下の「「「「「「〜や」」」」」〜は，かぎかっこを連続して入力したものです。
- 「km」のようなアルファベットの単語を全部小文字で入力したのに先頭の k が大文字の K に変わって「Km」になることがあります。これは，Word のオートコレクト機能のはたらきで，欧文を入力するときには便利な機能ですが，日本語の中に欧文の単語を入れるようなときには，かえって不便なこともあります。この機能を停止して，入力したとおりの文字を表示させるには，以下の手順で設定を変更します。

1. 〔ファイル〕タブ→〔オプション〕→〔文章校正〕→〔オートコレクトのオプション〕ボタンをクリック。
2. 〔オートコレクト〕ダイアログボックスの〔オートコレクト〕タブで，〔文の先頭文字を大文字にする〕のチェックを外す。
3. 〔OK〕ボタンをクリックする。

→・記号の入力　p.28　・文書の保存　p.42
　・文書の印刷　p.52　・ページ設定　p.55

やってみよう！9

📖 P.68

- 文字の装飾は，文字の入力がすべて終わってから行うと作業効率がよいでしょう。
- 入力したままの文字は，フォントが游明朝，フォントサイズが 10.5 ポイントです。
- 装飾しながら入力をすると，改行しても前の文字の設定がそのまま残ります。改行してから[Ctrl]キー＋[スペース]キーを押すと，設定がはじめの游明朝，10.5 ポイントに戻ります。
- 各設定方法がわかったら，自分で自由に文字を装飾してみましょう。

→・文字の装飾　p.67

やってみよう！10

📖 P.69

- 縦書き文書のときは，〔段落〕グループの文字揃えのボタンの機能と表示が縦書き用に変わり，横書きの〔左揃え〕ボタンが，縦書きでは〔上揃え〕，〔中央揃え〕が〔上下中央揃え〕，〔右揃え〕が〔下揃え〕となります。
- 問題中の赤字の部分や，囲み線・均等割り付けの部分は，離れた場所にありますがどれも同じ設定です。このような場合，[Ctrl]キーを押しながら範囲指定することをくり返すと，離れた場所を同時に選択できるので，全部を選択した後に設定を行います。
- 均等割り付けを設定するときに指定範囲に（改行記号）が含まれていると，自由に文字列の幅が指定できずに自動的に文書の幅いっぱいの均等割り付けになります。ただし，Word には段落の選択範囲を自動的に調整する機能があるので，自動的に改行記号まで範囲指定されてしまいます。これをあらかじめ防ぐには，以下の手順で設定を変更しておきます。

1. 〔ファイル〕タブ→〔オプション〕→〔詳細設定〕で〔段落の選択範囲を自動的に調整する〕のチェックを外す。
2. 〔OK〕ボタンをクリックする。

また，〔文字列の選択時に単語単位で選択する〕のチェックも外しておくと，自動的に選択範囲が広がって意図しない文字まで選択されることを防ぐこともできます。

→・文字の位置を揃える　p.62　・縦書き文書　p.65
　・文字の装飾　p.67

やってみよう！11

📖 P.70

- はがきなど，面積の狭い用紙に多くの文字を入力するときは，行間を調整します。ただし，あまり細かく設定をしてしまうと作業が煩雑になるので，注意しましょう。
- (^o^) のような顔文字は，「かお」と入力して，その変換候補の中に表示される顔文字のリストから適当なものを選択します。

→・文字の装飾　p.67

解答編

やってみよう！12 P.87

- 企画書などを作成する場合は，段落番号の機能を利用すると，項目の追加などを行っても番号が自動的に調整されて便利です。
- まず，大きな項目から入力し，細かな内容を追加していくように入力すると，文書がスムーズに作成できます。

→・段落番号　p.72

やってみよう！13 P.88

- ヘッダーとフッターは，どのページにも共通して自動的に入力されます。
- 印刷もできるので，活用しだいで用途は広がります。
- ヘッダーやフッターは，本文と同じようにフォントを変えたり，文字装飾をすることができます。

→・ヘッダーとフッター　p.85

やってみよう！14 P.89

> いつもチクタク動いている，学校にある大きな時計。ゼンマイを毎朝キチンと同じ時間に巻いている。毎時間，大きな音で時を告げている。しかし誰がこの時計のゼンマイを巻いてくれているのだろう。どうしても知りたくて朝早く学校へ登校してみた。すると，教頭の相守先生がゼンマイを巻いてくれていたのだった。話に聞くと相守教頭先生とこの時計は，同じ年にこの学校へ来て巻いていたそうだ。そしてこの前，相守教頭先生の離任式が行われた。毎朝キチンとゼンマイを巻いてくれる人はこの3月で次の学校へと異動していく。誰がこれからこの時計のゼンマイを巻くのだろう。心配をしているとその着任式に金色に光るあのゼンマイを校長先生が長いクサリとともに首から提げているではないか。これからも大きな時計は，毎時間私たちに時を知らせてくれるだろう。

- カタカナが多くまざっている文章です。入力の際に自分の変換しやすい区切り方を見つけて，確実に変換しましょう。
- ページ設定を変更するとき，最初に文字方向を横書きから縦書きに変えてから，残りの設定を行います。

→・ページ設定　p.55

やってみよう！15
📖 P.90

- 文書の内容に合ったフォントを選んで設定しましょう。
- ひとつの文書にあまり多くのフォントを使用すると，文書がまとまりのないものに見えてしまいます。使用するフォントは3種類くらいまでにしましょう。また，保存した文書を誰かに渡すとき，使用したフォントが相手のパソコンにない場合は，相手は同じフォントで表示できません。

→・文字の位置を揃える　p.62　・文字の装飾　p.67　・段落番号　p.72
　・オートフォーマット　p.76　・インデント　p.79

やってみよう！16
📖 P.91

- コメント省略

→・文字の位置を揃える　p.62　・文字の装飾　p.67
　・オートフォーマット　p.76　・インデント　p.79

やってみよう！17
📖 P.92

- 行間を少なく（狭く）しすぎると読みづらくなることがあるので，フォントサイズよりもひと回り大きいポイント数を固定値にしましょう。

→・文字の位置を揃える　p.62　・文字の装飾　p.67

やってみよう！18
📖 P.93

- コメント省略

→・文字の位置を揃える　p.62　・縦書き文書　p.65　・文字の装飾　p.67

やってみよう！19
📖 P.94

- 改行だけの行（空行）もフォントサイズを12ポイントに指定します。空行の幅もフォントサイズによって変化することに気をつけましょう。

→・文字の位置を揃える　p.62　・縦書き文書　p.65　・文字の装飾　p.67

PART 4　表や罫線，図形を利用しよう

> 設問で指定している箇所以外のフォントやフォントサイズ，色などの設定は各自で適宜行ってください。このPARTの解答では，設定の推奨例を提示してあります。

やってみよう！20
📖 P.105

- 備考欄の中にある3列×1行の表は，〔罫線を引く〕ボタンをクリックしてから，表を挿入するセル内で左上から右下にドラッグする方法で作成してあります。

- セル内で改行をすると，セルの高さは自動的に調整されます。
- セル内に罫線を引くとき，〔表ツール〕の〔レイアウト〕タブ→〔結合〕グループ→〔セルの分割〕ボタンをクリックして，「セルの分割」ダイアログボックスに行や列の数を入力して行う方法もあります。

→・表の形や大きさ，色などの編集　p.100　・表にセルを追加　p.103

やってみよう！21
📖 P.106

- 計算させたい数字には記号「¥」がつけられません。計算する数値は半角数字のみで入力します。また，Wordでの計算は簡易なものです。複雑な計算をしたい場合は，Excelで計算式の表を作成し，Excel上でコピーして，Wordに貼り付けると便利です。
- Wordの自動計算は，計算式が挿入されたときと計算式のある文書が開かれたときに，計算結果が更新されます。Excelのようにデータを入力したらすぐに結果が更新されるわけではありません。任意に計算式の結果を更新したいときは，計算式を右クリックして，〔フィールド更新〕をクリックするか，F9キーを押すかします。

→・表の挿入　p.97　・表の形や大きさ，色などの編集　p.100
　・計算式ボタンによる自動計算　p.106

解答編

やってみよう！22 P.115

- コメント省略

　　　　　　　　　　　→・直線，正方形／長方形　p.108　・基本図形　p.112

やってみよう！23 P.116

- 「夏休み映画会のお知らせ」のリボンは，〔挿入〕タブ→〔図〕グループの〔図形〕ボタン→〔星とリボン〕の〔横巻き〕を選択し，テキストの背面へ移動します。
- 「今年は昨年の…」は，〔吹き出し〕の〔雲形吹き出し〕から作成し，テキストを追加します。
- 額縁の厚さは，黄色のハンドルを動かして調整します。

　　　　　　　　　　　　　　　　　　　　　　　　　　　→・基本図形　p.112

やってみよう！24 P.117

- タイトルの楕円は，〔文字列の折り返し〕でテキストの背面へ移動します。

　　　　　　　　　　　　　→・箇条書き　p.72　・表の挿入　p.97
　　　　　　　　　　　　　　・表の形や大きさ，色などの編集　p.100
　　　　　　　　　　　・計算式ボタンによる自動計算　p.106　・円／楕円　p.108
　　　　　　　　　　　　　　・図形の作成　p.110　・基本図形　p.112

やってみよう！25 P.118

- フッター部分をダブルクリックし，表を挿入する箇所をクリックします。〔デザイン〕タブの〔位置〕グループで，〔下からのフッター位置〕を20mmに設定し直し，スペースをとってから表を挿入しています。

　　　　　　　　　　　　　　→・ヘッダーとフッター　p.85　・表の挿入　p.97

PART 5　画像やテキストを挿入しよう

> 設問で指定している箇所以外のフォントやフォントサイズ，色などの設定は各自で適宜行ってください。このPARTの解答では，設定の推奨例を提示してあります。

やってみよう！26 P.127

- 画像を挿入したあと，〔文字列の折り返し〕ボタンでレイアウトを〔四角形(S)〕や〔前面(N)〕に変更すると，文書内での配置が楽に行えます。トロフィーは「前面」，ゴルファーは「四角形」になっています。

　　　　　　　　　　　　　　→・画像の挿入　p.121　・イラストを移動　p.124

やってみよう！27 P.128

- 「お誕生日おめでとう〜」は，基本図形の「メモ」をテキストの背面に移動しています。また，右上及び下の画像は，文字列の折り返しを〔背面(D)〕にしています。
- 四角形は，文字列の折り返しを〔背面(D)〕に設定しているので，クリックしても選択できない場合があります。その際は〔ホーム〕タブ→〔編集〕グループの〔選択〕ボタン→〔オブジェクトの選択(O)〕をクリックしてから図形をクリックすると選択できます。

　　　　　　　　　　　　　　→・基本図形　p.112　・画像の挿入　p.121

やってみよう！28 📖 P.129

- はがきなどの面積の狭い用紙上で図形やイラストを配置する場合は，〔文字列の折り返し〕ボタンで，レイアウトを〔前面（N）〕か〔背面（D）〕に設定すると作業が楽になります。太陽のイラストは，文字を前に出すために〔背面（D）〕にします。
- 太陽のイラストのサイズを調整するとき，縦と横の大きさを同じにしないと太陽の形が楕円形になってしまいます。このようなときは，Shift キーを押しながらマウスをドラッグしてサイズを調整すると，元の図の縦横の比率が変わらずに拡大縮小ができます。また，〔描画ツール〕の〔書式〕タブの右にある〔サイズ〕に数値を入れることでも画像の大きさを自由に設定できます。

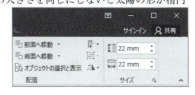

- 「暑中お見舞い申し上げます」の文字は，太陽で見にくくなるので太字に変えます。

→ ・基本図形　p.112　・画像の挿入　p.121

やってみよう！29 📖 P.134

- テキストボックス内の文字は游ゴシック太字で，200％に拡大しています。

→ ・文字の拡大／縮小　p.67　・画像の挿入　p.121
・テキストボックスの作成　p.131

やってみよう！30 📖 P.135

- タイトル部分は，〔星とリボン〕の〔上リボン〕で作成します。
- すでに文書中に本文として入力ずみの文をテキストボックスに変えるときは，その部分を選択してから，〔挿入〕タブ→〔テキスト〕グループの〔テキストボックス〕をクリックして，〔横書き（縦書き）テキストボックスの描画〕をクリックすれば，選択部分がテキストボックスに変わるので，〔文字列の折り返し〕を設定後，大きさと位置を調整します。
- 枠線なしのテキストボックスにするには，〔書式〕タブ→〔図形のスタイル〕グループの〔図形の枠線〕ボタン→〔線なし（N）〕をクリックします。

→ ・図形の作成　p.110　・画像の挿入　p.121

やってみよう！31 📖 P.136

- 新聞などの紙面作りでも，テキストボックスを活用すると，自由な紙面構成が可能です。

→ ・画像の挿入　p.121　・テキストボックスの作成　p.131

PART 6　文書作成機能を活用しよう

> 設問で指定している箇所以外のフォントやフォントサイズ，色などの設定は各自
> で適宜行ってください。このPARTの解答では，設定の推奨例を提示してあります。

やってみよう！32　📖 P.142

● 〔書式〕タブ→〔ワードアートのスタイル〕グループの〔文字の効果〕→〔変形（T）〕ボタンで〔上アーチ〕を選択します。

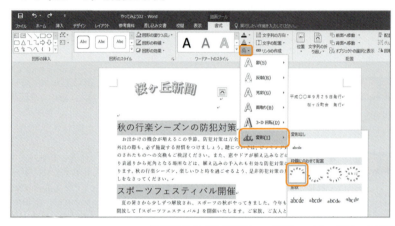

→・画像のスタイルの変更　p.126　・ワードアートの挿入　p.139

やってみよう！33　📖 P.147

● 置換機能の使い方として，意図的にある文字を削除したい場合は，〔置換後の文字列（I）〕に何も入力しないで置換すると，その文字が削除されます。

→・文字の置換　p.144

やってみよう！34　📖 P.153

● ルビは，漢字だけでなくローマ字やカタカナ，ひらがななどにもつけられます。

→・下付き文字・上付き文字，取り消し線　p.149　・ルビ　p.150
　・囲い文字　p.151　・割注　p.152　・組み文字　p.153

やってみよう！35　📖 P.154

● コメント省略

→・画像の挿入　p.121　・ワードアートの挿入　p.139
　・蛍光ペン，取り消し線　p.149　・ルビ　p.150
　・囲い文字，縦中横　p.151　・割注　p.152

やってみよう！36
P.157

- 元の文書が横書きなので，まず縦書きに変更してから段組みの設定をします。縦書きへ変更するには，〔レイアウト〕タブ→〔ページ設定〕グループの〔文字列の方向〕ボタン→〔縦書き〕をクリックします。
- 段組みの間に線を引くには，〔段組み〕ダイアログボックスでの設定の際に〔境界線を引く（B）〕をクリックしてチェックマークをつけます。

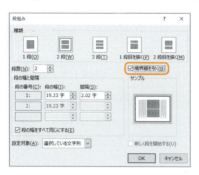

→・段組み　p.155

やってみよう！37
P.158

- 段組みにする文章は，入力をしてから段組みを設定しましょう。段組みを解除する場合は，段組みの種類を１段に設定します。

→・段組み　p.155

やってみよう！38
P.159

- この問題では，先にクリップアートや図形を挿入してから段組みの設定をすることになります。通常は，先に段組みの設定をしてからクリップアートや図形を挿入します。ここでは，クリップボードをうまく活用しましょう。図やワードアートを一度切り取ってクリップボード上に置き，文章の段組みを設定したあとにクリップボード上から貼り付けます。

→・クリップボード　p.50　・段組み　p.155

PART 7　差し込み印刷をやってみよう

設問で指定している箇所以外のフォントやフォントサイズ，色などの設定は各自で適宜行ってください。このPARTの解答では，設定の推奨例を提示してあります。

やってみよう！39
P.174

- 標準の状態では「級」というフィールド名はないので，自分で作成します。
  ① データファイルの作成の際に，〔列のカスタマイズ（Z）〕ボタンをクリックします。
  ②〔アドレス帳のユーザー設定〕ダイアログボックスが表示されるので，〔追加（A）〕ボタンをクリックします。

③〔フィールドの追加〕ダイアログボックスが表示されるので,「級」と入力し〔OK〕ボタンをクリックします。

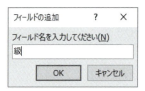

● このようにして「級」を追加したら,データを作成します。なお,〔アドレス帳のユーザー設定〕ダイアログボックスで〔フィールド名（F）〕から不要な項目を選択して〔削除（D）〕ボタンをクリックし,必要な項目だけを残すこともできます。

→ ・データファイルの作成　p.164　・差し込み位置の指定　p.169
・差し込み印刷の実行　p.172

PART 8　文書のひな形を活用しよう

設問で指定している箇所以外のフォントやフォントサイズ,色などの設定は各自で適宜行ってください。このPARTの解答では,設定の推奨例を提示してあります。

やってみよう！40
P.182

● テンプレートは,キーワード「レター」で検索して,〔レター（ジャパネスク）〕を使用します。
→ ・テンプレートの使用　p.177

やってみよう！41
P.190

● 差し込み用の住所データを作るときに,郵便番号から住所を入力することもできます。たとえば,「東京都新宿区市谷左内町」を入力するとき,郵便番号の「１６２－０８４６」を入力して変換すると,候補の中に「住所に変換」が表示されるので,これを選択すると,郵便番号に対応する住所の「東京都新宿区市谷左内町」に変換されます。「やってみよう！41」の住所は架空のものなのでこの方法は使えませんが,実際の住所を入力するときに試してみてください。
→ ・はがき宛名面印刷ウィザード　p.186

PART 9　少し複雑な文書を作成しよう

設問で指定している箇所以外のフォントやフォントサイズ,色などの設定は各自で適宜行ってください。このPARTの解答では,設定の推奨例を提示してあります。

やってみよう！42
P.197

● SmartArtグラフィックのレイアウトは〔階層〕,スタイルは〔シンプル〕を選択します。
→ ・SmartArtグラフィックの挿入　p.192
・SmartArtグラフィックの編集　p.195

やってみよう！43
P.203

● SmartArtグラフィックのレイアウトは〔フィルター〕,スタイルは〔立体グラデーション〕を選択します。色の変更やワードアートの挿入は,適宜行いましょう。
→ ・SmartArtグラフィックの挿入　p.192
・SmartArtグラフィックの編集　p.195
・SmartArtグラフィックの書式設定　p.201

総合チェック問題

設問で指定している箇所以外のフォントやフォントサイズ，色などの設定は各自で適宜行ってください。この解答では，設定の推奨例を提示してあります。

総合問題 1
📖 P.206

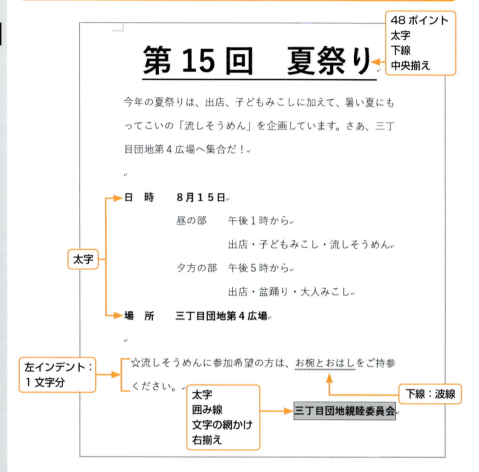

- 本文はすべて游ゴシック，16ポイントです。本文の入力をはじめる前にフォントとフォントサイズの設定をすると，あとの編集が楽になります。
  → ・文字の位置を揃える　p.62　・文字の装飾　p.67　・インデント　p.79

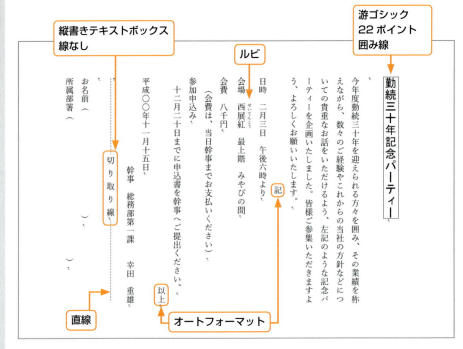

● 本文はすべて游明朝，16 ポイントです。
→ ・文字の位置を揃える　p.62　・縦書き文書　p.65　・文字の装飾　p.67
・オートフォーマット　p.76　・直線　p.108
・テキストボックスの作成　p.131　・ルビ　p.150

総合問題 ❸

P.208

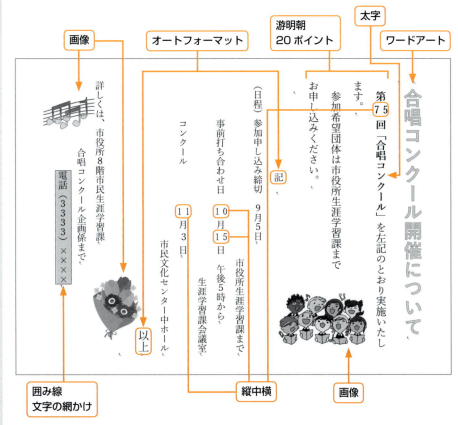

● 画像の検索キーワードは「コーラス」,「音楽」,「花束」です。

→ ・文字の位置を揃える　p.62　・文字の装飾　p.67
・オートフォーマット　p.76　・画像の挿入　p.121
・ワードアートの挿入　p.139　・縦中横　p.151

P.209

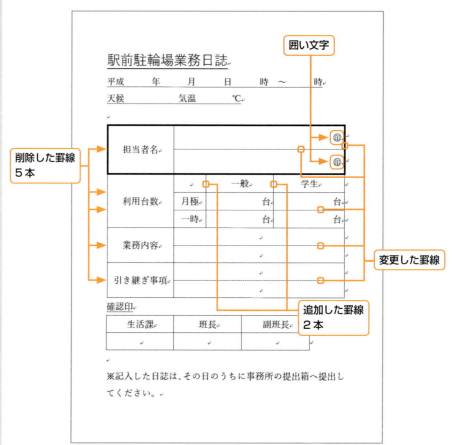

- 2列×9行の表と3列×2行の表を挿入し，罫線の追加・削除・変更を行います。表の挿入後，文字を入力しましょう。
- 〔表ツール〕内の〔デザイン〕タブ→〔飾り枠〕グループで〔ペンのスタイル〕と〔ペンの太さ〕を設定してから〔レイアウト〕タブ→〔罫線の作成グループ〕の〔罫線を引く〕ボタンをクリックし，表の罫線をクリックすると，罫線を変更することができます。

→・文字の装飾　p.67　・表の挿入　p.97
・表の形や大きさ，色などの編集　p.100　・囲い文字　p.151

総合問題 5　P.210

- 6列×17行の表を挿入後，罫線の削除・変更をします。
- 同じ名前が多く出てくるので，クリップボードを使って文字を入力しましょう。

→ ・クリップボード　p.50　・文字の装飾　p.67　・箇条書き　p.72
　　・表の挿入　p.97　・表の形や大きさ，色などの編集　p.100

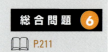

総合問題 ❻

📖 P.211

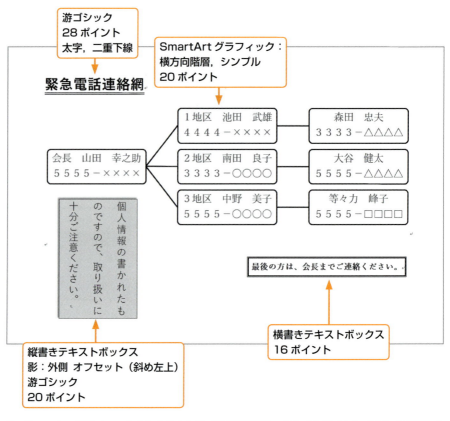

- SmartArt グラフィックのレイアウトは〔横方向階層〕，スタイルは〔シンプル〕を選択します。
- テキストボックスや SmartArt グラフィックの図形の枠線や塗りつぶしの種類は，テキストボックスの外枠を右クリック→〔図形の書式設定（O）〕→〔図形のオプション〕で設定します。

→ ・クリップボード　p.50　・文字の装飾　p.67
・直線　p.108　・テキストボックスの作成　p.131
・SmartArt グラフィックの挿入　p.192
・SmartArt グラフィックの編集　p.195

P.212

● 〔レイアウト〕タブ→〔原稿用紙設定〕ボタンをクリック。〔原稿用紙設定〕ダイアログボックスで，〔スタイル（S）〕を「マス目付き原稿用紙」，〔文字数×行数（R）〕を「20×20」，〔用紙サイズ（Z）〕を「A4」，〔印刷の向き〕を「縦（T）」に設定し，〔OK〕ボタンをクリックします。

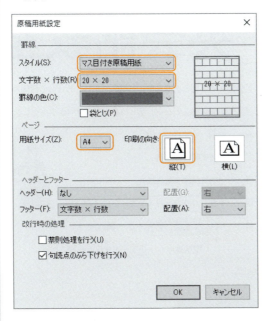

※できあがった原稿用紙の線の太さが不揃いになることがありますが，これは Word のプログラムの問題によるものです。

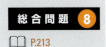
P.213

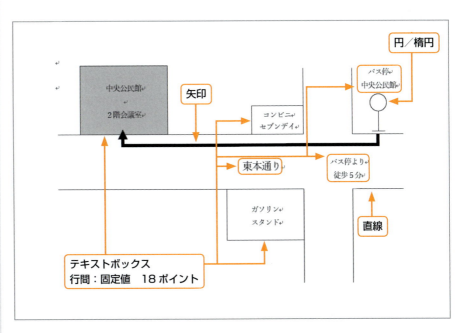

● 道はすべて直線で描いてあります。文字のあるものはテキストボックスを利用しています。
→・クリップボード p.50 ・直線，矢印，円／楕円 p.108
・テキストボックスの作成 p.131

総合問題 ❾

P.214

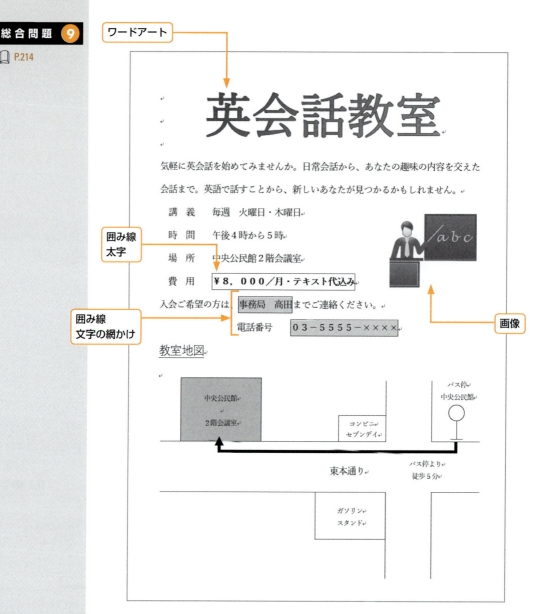

- 地図より上の文書を作成し，総合問題8で作成した地図をコピー・貼り付けして文書の下に置きます。地図の文書と新しく作成した文書のページ設定を揃えておくと，楽に配置できます。
- 画像の検索キーワードは「教室」です。

→ ・文字の装飾　p.67　・画像の挿入　p.121
・ワードアートの挿入　p.139

総合問題 10

P.215

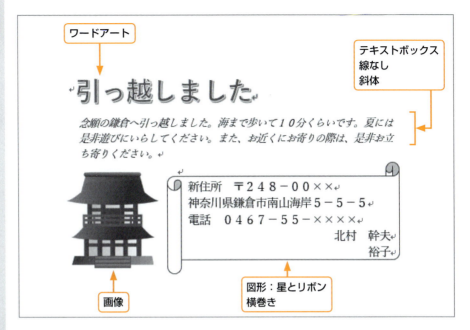

- はがきの紙面は面積が狭いですが，テキストボックスやワードアート，図形を利用してレイアウトしていくと，作業がしやすくなります。枠の重なる順序に注意しながら，〔文字列の折り返し〕ボタンでレイアウトの設定を前面や背面にすると，効率よく作業ができます。
- 画像の検索キーワードは「お寺」です。

→ ・図形の作成　p.110　・画像の挿入　p.121
・テキストボックスの作成　p.131
・ワードアートの挿入　p.139

総合問題 11
📖 P.216

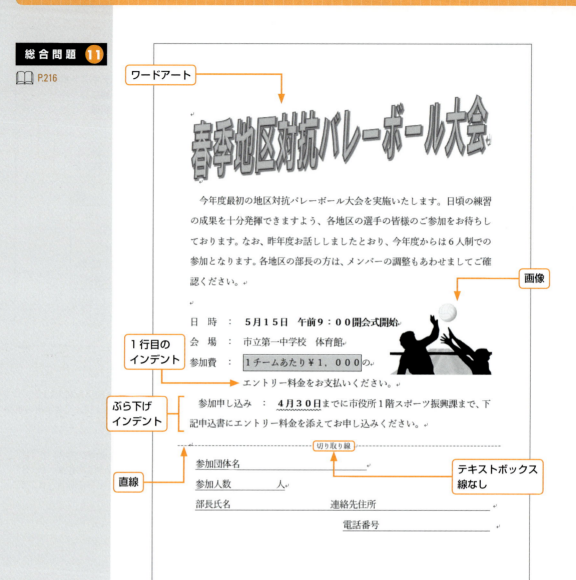

- ワードアートや図形，テキストボックスは，余白より外側に配置することもできます。ただし，プリンターの性能により紙の端いっぱいまで印刷できないものもあるので，印刷の際には，文字切れなどに注意が必要です。
- 画像の検索キーワードは「バレーボール」です。
→ ・文字の位置を揃える　p.62　・文字の装飾　p.67　・インデント　p.79
　　　　　　　　　　　　　　　　・直線　p.108　・画像の挿入　p.121
　　　　　　　・テキストボックスの作成　p.131　・ワードアートの挿入　p.139

総合問題 12
📖 P.217

- はがきの種類は〔エコーはがき（E）〕，宛名の形式は〔横書き（H）〕を選択します。
→ ・はがき宛名面印刷ウィザード　p.186

総合問題 13

P.218

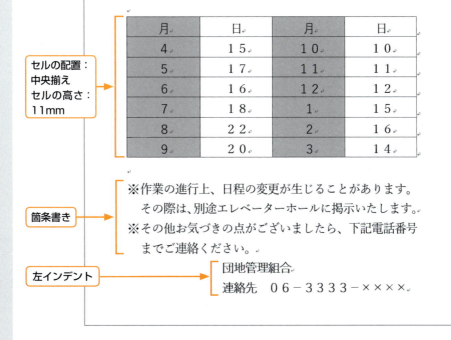

- セルの配置は，配置を設定する箇所を選択し，右クリックしてショートカットメニューから設定します。
- セルの高さは，表全体を選択して〔表ツール〕の〔レイアウト〕タブの〔セルのサイズ〕の〔セルの高さ〕で変更します。
- ※の箇条書きは，1つ目の文章を入力して改行すると，同じ行頭の文字が自動的に設定されます。

→ ・文字の装飾　p.67　・箇条書き　p.72　・インデント　p.79
　　・表の挿入　p.97　・表の形や大きさ，色などの編集　p.100

総合問題 14

P.219

バーベキューパーティー

1. 日程・場所
    - (ア) 買出し
        ① 7月29日　午後6時から
        ② スーパー丸得　東山店
        ③ 予算　1万5000円
    - (イ) 実施日
        ① 7月30日　午前10時出発
        ② 東山キャンプ場　バーベキュー広場
2. 材料
    - (ア) バーベキュー
        ① 牛肉　2kg
        ② 豚肉　3kg
        ③ とうもろこし　10本
        ④ にんじん　5本
        ⑤ ピーマン　5個
        ⑥ たまねぎ　5個
        ⑦ 焼き肉のたれ　2本
    - (イ) 焼きそば
        ① キャベツ　1個
        ② 鶏肉　300g
        ③ 麺　10玉
    - (ウ) 飲み物
        ① ビール　350ml　1箱
        ② ウーロン茶　2ℓ　3本
3. 費用
    ① キャンプ場使用料
    ② ガソリン代
    ③ 材料費
4. 食べ物以外の持ち物
    ① テント・寝袋・テーブル・椅子・ゴミ袋・虫よけ・蚊取り線香
    ② 薪・着火材
    ③ 鉄板・バーベキュー台

必要なものを大まかにあげてみました。まだ足りないものがあると思いますので、お気づきのものがありましたら付け加えてください。

幹事　田宮　修二

縦書きテキストボックス
影：外側　オフセット（斜め右下）

● 箇条書きは大きな項目から入力していきます。
　　→・文字の装飾　p.67　・段落番号　p.72　・テキストボックスの作成　p.131

平成〇〇年9月25日発行
桜ヶ丘町会　発行

→ テキストボックス　線つき

秋の行楽シーズンの防犯対策

お出かけの機会が増えるこの季節、防犯対策は万全ですか？　ちょっとした外出の際も、必ず施錠する習慣をつけましょう。鍵については、ピッキング対策のされたものへの交換もご検討ください。また、窓やドアが植え込みなどにより表通りから死角となる場所などは、植え込みの手入れも有効な防犯対策になります。秋の行楽シーズン、楽しいひと時を過ごせるよう、是非防犯対策の見直しをなさってください。

スポーツフェスティバル開催

夏の暑さから少しずつ解放され、スポーツの秋がやってきました。今年も総合スポーツセンターを開放して『スポーツフェスティバル』を開催いたします。ご家族、ご友人とお誘いあわせの上、ご参加ください。

- 15kmマラソン　当日朝10：00までに参加の申し込みをしてください。
- 体力年齢測定　あなたの本当の年齢は？
- 組み体操に挑戦　1組2人以上でご参加ください。
- 護身術講座
- ミニ運動会　障害物競走・中綱引き・50m競走ほか

→ 図形：角丸四角形　影：外側 オフセット（斜め右下）

★当日、フェスティバル会場の受付で参加費（保険料）500円をお支払いの上、ご参加ください。

夏祭り収支決算が出ました

8月15日に実施いたしました夏祭りの収支決算が出ました。この場をお借りして報告いたします。

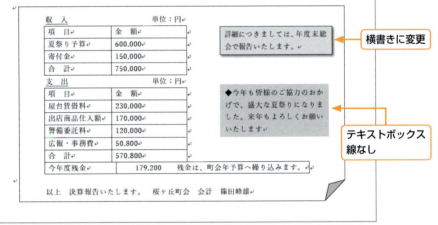

→ 横書きに変更

→ テキストボックス　線なし

以上　決算報告いたします。　桜ヶ丘町会　会計　篠田峰雄

● レイアウトは上から順番に設定しましょう。うまくいかない場合は，ワードアートなどのデータを切り取ってクリップボードに置いてからレイアウトし，改めて貼り付けを行います。

→ ・基本図形　p.112　・テキストボックスの作成　p.131

INDEX

▶ 索引

欧文

- Alt キー ……………………… 14
- ATOK ………………………… 17
- Back Space キー …………… 21
- Bing イメージ検索 ………… 121
- CAPS ロックキー …………… 17
- Ctrl キー ……………………… 14
- Delete キー …………………… 21
- Esc キー ……………………… 102
- FAX 送付状（テンプレート）
  ………………………………… 178
- IME パッド ……………… 17,28,30
- Insert キー …………………… 21
- KANA ロックキー …………… 17
- Microsoft IME ……………… 17
- Shift キー …………………… 14
- SmartArt グラフィック
  ……………………………… 192,195
  - 書式設定 ………………… 201
  - 図形の追加 ……………… 195
  - テキストウィンドウ …… 193
  - 文字の入力 ……………… 194
  - レイアウト変更 ………… 198
- Windows ……………………… 2
- Windows の終了 ……………… 7
- Word …………………………… 8
- Word の起動・終了 ………… 10

あ行

- アイコン ……………………… 3
- あいさつ文 …………………… 76
- あいまい検索 ……………… 146
- 新しいアドレス帳 ……… 166,185
- 宛名データ ………………… 163
- アドレスバー ………………… 4
- イメージ（画像）の検索 … 121
- イラストの移動 …………… 124
- 印刷 …………………………… 52
  - 設定 ……………………… 53
- 印刷の向き …………………… 56
- 印刷プレビュー ……………… 52
- インデント …………………… 79
- インデントマーカー ………… 79

- ウィザード …………… 183,186
- 上付き文字 ………………… 149
- 上書き保存 ………………… 43
- 上書きモード ……………… 21
- 英数字の入力（全角・半角）
  ………………………………… 22
- オートコレクト …………… 37
- オートフォーマット …… 39,76
- オンライン画像 …………… 121

か行

- カーソル ……………………… 11
- 拡張書式 …………………… 149
- 囲い文字 ………………… 149,151
- 囲み線 ……………………… 67
- 箇条書き ………………… 72,83
- 下線 ………………………… 67
- 画像の挿入 ………………… 121
- 画像の著作権 ……………… 122
- 画像ファイルの挿入 ……… 123
- カタカナの入力（全角・半角）
  ………………………………… 22
- かな入力 …………………… 18
- 画面の名称
  - Windows のウィンドウ …… 2
  - Word ……………………… 11
- 画面表示の拡大 …………… 107
- 漢字の入力 ………………… 30
- 漢字への変換 ……………… 24
- キーボード ………………… 14
- 記号の入力 ………………… 28
- 既存のデータファイルを
  使った差し込み印刷 …… 165
- 行間（調整）………… 67,70,83
- 行数 ………………………… 57
- 切り取り …………………… 47
- 均等割り付け ……………… 67
- クイックアクセスツールバー
  ………………………………… 11
- 組み文字 …………………… 153
- グラフィック …………… 9,192
- クリック ……………………… 5
- クリップボード …………… 50

- グリッド線 ………………… 11,12
- 蛍光ペン …………………… 149
- 計算式ボタン ……………… 106
- 罫線（表）………………… 100
- 原稿用紙設定 ……………… 237
- 言語バー …………………… 17
- 検索 …………………… 144,145
- 検索オプション …………… 147
- コピー ……………………… 45
- コマンドボタン …………… 11
- コンテキストタブ ………… 12

さ行

- 最小化ボタン ……………… 4
- 最大化ボタン ……………… 4
- 再変換 ……………………… 27
- 削除キー …………………… 21
- 差し込み印刷 ………… 9,163,172
- 差し込みフィールドの挿入
  ………………………………… 169
- 下付き文字 ………………… 149
- 自動修正機能 ……………… 37
- 自動文章校正機能 ………… 48
- 斜体 ………………………… 67
- シャットダウン ……………… 7
- 修正 ………………………… 21
- ショートカットキー
  ……………………………… 63,160
- ショートカットメニュー …… 6
- 書式検索 …………………… 147
- 書式設定 …………………… 67
- ズームスライダー ………… 11,12
- 水平ルーラー ……………… 79
- スクロールバー …………… 11
- 図形 …………………… 108,110
  - 回転 …………………… 113
  - 影 …………………… 109,111
  - 重なり順（順序）…… 112,133
  - グループ化 …………… 113
  - 塗りつぶし ………… 109,111
  - 変形 …………………… 112
  - 文字入力 ……………… 114
- スタートメニュー …………… 3

INDEX

ステータスバー …………………… 11
すべて置換 ……………………… 145
スペルチェック …………………… 49
スリープ …………………………… 7
セル ……………………………… 98
セル内の文字方向 ……………… 103
セルに色をつける（塗りつぶす）
　………………………………… 104
総画数から検索 …………………… 31
挿入モード ………………………… 21

た 行

タイトルバー ……………………… 4
タイル ……………………………… 3
タスクバー ……………………… 2,3
タッチスクリーンでの操作 ……… 6
縦書き文書 ……………………… 65
縦中横 …………………… 149,151
タブ ……………………………… 11
ダブルクリック …………………… 5
段組み …………………………… 155
単語の登録 ……………………… 36
段落番号 ……………………… 72,83
置換 ……………………………… 144
中央揃え ………………………… 63
通知領域 ………………………… 2,3
ツール …………………………… 17
データファイル … 163,164,184
手書きから検索 ………………… 32
テキストボックス ……………… 131
　順序 …………………………… 133
　書式設定 ……………………… 133
デスクトップ …………………… 2,3
電源ボタン ………………………… 7
テンプレート …………………… 177
　文書の保存 …………………… 181
閉じるボタン ……………………… 4
ドラッグ …………………………… 6
ドラッグアンドドロップ ………… 6
取り消し線 ……………………… 149

な 行

名前を付けて保存 ……………… 42
日本語入力システム …………… 17
入力モード ……………………… 17

は 行

ハイパーリンク ………………… 204
はがきの宛名印刷 ……………… 186

はがきの文面作成 ……………… 186
貼り付け …………………… 45,47
範囲指定 …………………… 21,33
ハンドル ………………… 110,124,140
左クリック ………………………… 5
表 ………………………………… 97
　罫線の移動 ……………… 100,101
　罫線を消す …………………… 103
　罫線を引く …………………… 102
　行の追加 ……………………… 100
　表の挿入 ………………… 97,118
　表の編集 ……………… 100,103
　文字の配置 …………………… 104
　文字方向 ……………………… 103
ひらがなの入力 ………………… 19
ファイル内容の回復 …………… 36
ファイル名 ……………………… 42
ファンクションキー …………… 14
フォント（種類） ………………… 67
フォントサイズ ………………… 67
フォントの色 …………………… 67
部首から検索 …………………… 30
フッター ………………………… 85
太字 ……………………………… 67
ぶら下げインデント …………… 79
文章校正 ………………………… 49
文書作成ウィザード …………… 183
文書を印刷 ……………………… 52
文書を保存 ……………………… 42
文書の保存形式 ………………… 44
文書の呼び出し ………………… 43
文節の長さの変更 ……………… 25
ページ設定 ………………… 55,56
ヘッダー ………………………… 85
ヘルプ …………………………… 17
変換直後の（文字）修正方法
　………………………………… 26
ホームポジション ……………… 16

ま 行

マウス …………………………… 5
マウスポインタ ………………… 2,5
右クリック ……………………… 6
右揃え …………………………… 63
ミニツールバー ………………… 171
メイン文書 ……………………… 163
メニューバー …………………… 4
目次の挿入 ……………………… 81
文字カウント …………………… 49

文字間隔 ………………………… 74
文字数 …………………………… 57
文字の網かけ …………………… 67
文字の拡大／縮小 ……………… 67
文字の切り取り・貼り付け
　………………………………… 47
文字のコピー・貼り付け ……… 45
文字の修正 ………………… 21,26
文字の装飾 ……………………… 67
文字列の折り返し ……………… 125
元に戻すボタン ………………… 54

や・ら・わ 行

用紙サイズ ………………… 56,58
余白 ……………………………… 56
読みのわからない漢字の入力
　………………………………… 30
ライセンス ……………………… 122
リボン …………………………… 11
リンク …………………………… 204
類義語辞典 ……………………… 49
ルビ ……………………… 149,150
ローマ字入力 …………………… 18
ローマ字入力表 ………………… 20
ワードアート
　……………………… 138,139,140,141
ワープロソフト ………………… 8
割注 ……………………… 149,152

● 著者プロフィール ●

齊藤　正生（さいとう　まさき）

東京都教職員研修センター分館（東京都総合技術教育センター）を経て，現在東京都千早高等学校勤務

カバー・本文デザイン	釣巻デザイン室
カバーイラスト	藤井アキヒト
DTP制作	(株)明友社

例題30＋演習問題70でしっかり学ぶ
Word標準テキスト
Windows 10／Office 2016対応版

2016年6月15日　初版　第1刷発行
2020年3月3日　初版　第2刷発行

著　者　齊藤　正生
発行者　片岡　巌
発行所　株式会社 技術評論社
　　　　東京都新宿区市谷左内町 21-13
　　　　電話　03-3513-6150　販売促進部
　　　　　　　03-3513-6166　書籍編集部
印刷／製本　日経印刷株式会社

定価はカバーに表示してあります。

本書の一部または全部を，著作権法の定める範囲を超え，無断で複写，複製，転載，テープ化，ファイルに落とすことを禁じます。

©2016　有限会社　ジー・アクト

造本には細心の注意を払っておりますが，万一，乱丁（ページの乱れ）や落丁（ページの抜け）がございましたら，小社販売促進部までお送りください。送料小社負担にてお取替えいたします。

ISBN978-4-7741-8145-5　C3055
Printed in Japan

サンプルWordファイルのダウンロードについて

本書で作成・利用しているサンプルWordファイルは，小社Webサイトの本書紹介ページの「本書のサポートページ」からダウンロードできるようになっています。

http://gihyo.jp/book/2016/
978-4-7741-8145-5

なお，ダウンロード以外の方法では，サンプルWordファイルの提供はいっさい行っておりませんので，ご了承ください。

このサンプルWordファイルに含まれているデータは，すべて本書用に架空に設定したものであり，実在のものとはいっさい関係ありません。

お問い合わせについて

本書に関するご質問は，記載されている内容に関するもののみとさせていただきます。パソコン，Windows，Office製品の不具合など，本書記載の内容と関係のないご質問には，いっさいお答えできません。あらかじめご了承ください。

小社では，電話でのご質問は受け付けておりません。お手数ですが，FAXか書面にて下記までお送りください。

なお，ご質問の際は，書名と該当ページ，返信先を必ず明記してください。

本書に掲載されているWordファイルに関して，各種変更などのカスタマイズは，必ずご自身で行ってください。小社および著者はいっさい代行いたしません。また，カスタマイズに関するご質問にもお答えできませんので，あらかじめご了承ください。

お送りいただいたご質問には，できる限り迅速にお答えできるように努力しておりますが，場合によっては時間がかかることがあります。したがって，回答の期日をご指定になっても，希望にはお応えできるとは限りません。

◆問い合わせ先
宛先：〒162-0846
東京都新宿区市谷左内町 21-13
株式会社技術評論社　書籍編集部
「Word標準テキスト 2016対応版」係
FAX：03-3513-6183

※なお，ご質問の際に記載いただきました個人情報は，本書の企画以外での目的には使用いたしません。参照後は速やかに削除させていただきます。

リボンの主なコマンド

〔挿入〕タブ

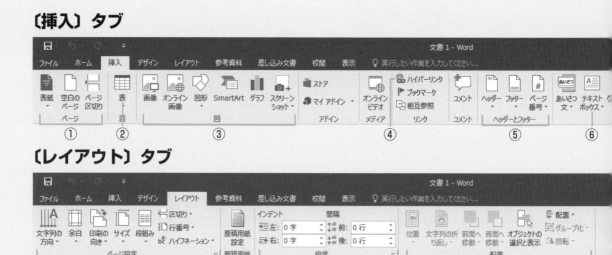

〔レイアウト〕タブ

〔参考資料〕タブ

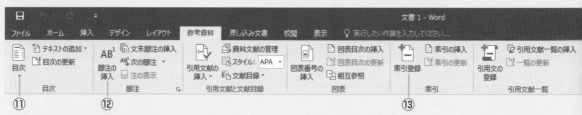

〔差し込み文書〕タブ

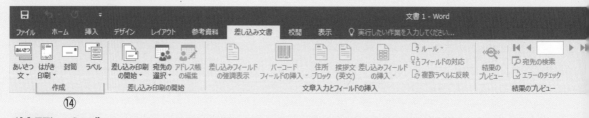

〔校閲〕タブ

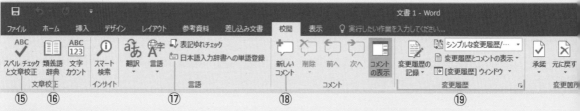

〔表示〕タブ

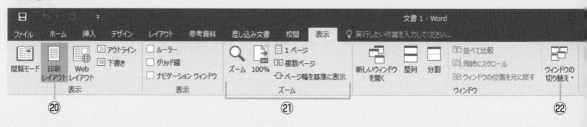